同济大学"十二五"本科规划教材

同济大学建筑与城市规划学院美术基础特色课教学丛书

Architectural Decoration Design and Expression

建筑装饰设计与表现

叶影 编著

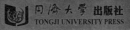

同济大学 出版社
TONGJI UNIVERSITY PRESS

序

　　几经努力，同济大学建筑与城市规划学院美术基础特色课教学丛书终于付梓出版了。虽然此前同济美术曾有多部艺术著作或画册问世，包括美术教师的集体与个人作品集，部分教师也陆续编撰了一些美术类教材，但整体统筹针对建筑学、城乡规划和景观学等以工程设计为主的专业美术教学系统性丛书，当属首次。本套丛书作为同济大学"十二五"本科教材，凝聚了同济美术教学的最新探索。

　　同济美术教学始于1952年建筑学等相关专业的创立，也一直以服务专业人才培养为主要目标。早年作为上海地区为数不多设有美术教学的高等学校，这里群英荟萃，云集着留欧、留日归国和国内一流美术院校毕业的顶尖美术家，成为上海美术的一个高地。教师们在传授美术基础知识与技能的同时，立足艺术本体的研究与创作，为提升师生艺术修养与凝练学科思想发展，发挥了重要的作用。进入新世纪以来，随着办学规模的扩大与调整，同济美术的师资群体已达到了空前的规模，其队伍架构与教学组织也日臻完善，并在教学内容、教学方法等诸多方面呈现出多元开放的发展趋势。

  历史上美术教学伴随着艺术发展而演进，基于设计的美术教学更是不断迭换更替、推陈出新。从纯艺术表现或侧重商业的导向、到包豪斯对技术因素的关注、再到强调形式秩序的构成引入，新的艺术教育思想与方法在冲击原有教学体系的同时，无不为学科发展与专业教育提供了充沃的养分。同济前辈美术教师们便十分注重艺术本体表现方法与手段的创新和对艺术与环境的多重探索，从而奠定了同济美术追求基础训练与原创价值的教育思想与教学范式。近年来，共同肩负卓越人才培养使命的同济年轻一代美术教师们，坚守艺术教育第一线，勇于改革进取，在美术教学上又有了新的突破、收获了新的成果。

  本套教学丛书选取了美术教学中的几个主要环节或重要方面，分类进行著述。作者分别为相应课程的主讲者，当然，书的形成还离不开所有参与的教师与学生的全力支持。各册依据不同的内容，体例亦有所不同，但都有其共同的特色。一是专业针对性。从艺术分类角度，并无所谓的"建筑美术"，但在教育的受众对象上，确有差异性，本套丛书有着明确的读者指向。二是结合教学线索。书中的教学安排、操作进度以及关注重点等，对相关从业者具有切实的参考与应用价值。三是众多作品展示。书中大量的案例图片集中反映了同济师生在美术教与学过程中的真实成果，且不论高下与否，俱客观地表达了艺术以"作品说话"的硬道理。

  希望本套教学丛书对广大读者的学习与工作有所裨益。

同济大学建筑与城市规划学院院长

2013年6月

目 录

第一章 建筑装饰设计概述

第一节 什么是建筑装饰设计

一、建筑装饰设计概念

建筑装饰设计一般指形式美的规律与装饰设计手法相结合的设计表现，应用在建筑空间和环境空间上。而建筑装饰设计中包含着装饰绘画的艺术特点，具有绘画中的主题性、独立性、完整性、思想性、趣味性和艺术性等等，但是更多的具有许多设计的形式特征，这些形式包括平面化的造型方式和秩序化的方式。我们在生活实践中经过观察、感知和发现这种美的形式。建筑装饰设计的题材不是凭空想象出来的，可以通过对自然的形象描绘，运用形式美的法则和规律把最典型、最本质的美，用构图、形式要素、综合概括和提炼夸张等表现方法。同时配以不同的绘画手段、材料和艺术造型的风格类型。

建筑装饰设计作为艺术形式，起源于人类初期最早居住的洞穴壁画、摩崖石窟中的装饰造型。在史前旧石器时代的岩画，距今已有3万年至2万年，在连云港将军崖的岩画，是原始人类以石器敲打、挖凿、磨刻而成。有多处人面形象、农作物和一些符号，与祈祷和宗教活动有关联。令人困惑和费解的是抽象符号具有神秘感，而这充满着装饰设计感的岩壁画留给现代人无限的研究和探索空间。同样，在山东淄博的山上的摩崖岩画、内蒙古阴山岩画、在宁夏卫宁北山山地区大麦地岩画数量很多。又如西班牙的阿尔塔米拉岩洞壁画、法国的拉斯科岩画、墨西哥的阿斯特克壁画、埃及的壁画，还有古罗马、希腊等在建筑上的壁画、雕塑，装饰艺术设计，具有很高的艺术审美价值。在漫长的文明进程中，随着生产力的提高，物质条件和居住环境的改善，以及科技的进步和各种艺术新概念的产生，数千年来，壁画作为建筑装饰设计的一部分在质地与制作工艺上有了非常大的改变。如：陶瓷版的烧制、铜质材料的铸和锻制、大理石雕刻的拼镶嵌、马赛克配以金银丝镶嵌填色等，种类繁多。又如，在明清时期的徽派建筑中的家族祠堂、庭院、书院、客厅、厢房等，到处都充满着浓重的建筑装饰艺术设计，材质大多以木雕、石雕、砖雕为主。题材多取人物、景物、花鸟虫草、兽等。

在古埃及长达3000年的历史中，它的最高统治者是法老，因被神化崇拜，故为法老建造陵墓和祭奠的庙宇成为传统，如金字塔的建造，倾注了大量的财力和人力。在金字塔的内部和外部的环境装饰设计上超过任何一种建筑。其内部的壁画精美绝伦，外部的空间环境气势雄伟壮观（图1-1）。

胡夫金字塔是古埃及所有金字塔中最大的一座，为第四王朝法老胡夫所建。俗称大金字塔，原高146.59米。胡夫死后不久，在他的大金字塔不远的地方，又建起了一座建筑金字塔。这是胡夫的儿子哈夫拉的金字塔。它比胡夫的金字塔低3米，但

图1-1

图1-2

图1-3

图1-4

图1-5

由于它的地面稍高，因此看起来似乎比胡夫的金字塔还要高一些。塔的附近建有一个雕着哈夫拉的头部而配着狮子身体的大雕像，即所谓狮身人面像。法老王既是神又是人，这种观念促使了狮身人面混合体的产生。古代埃及的法老、国王死后要成为神，其灵魂要升天。坟墓作为死后要修成角锥体的形式，为法老建造起上天的天梯，以便他由此登天。金字塔就是这样的天梯。同时，角锥体金字塔形式又表示对太阳神的崇拜，因为古代埃及太阳神拉的标志是太阳光芒。金字塔象征的就是刺向青天的太阳光芒。雄伟的狮身人面像横卧在埃及基沙台地上，守卫着卡拉夫王金字塔已达五千年之久。终年的风沙不断侵袭和腐蚀这座庞大的石像，古埃及人以狮身人面像作为金字塔面前的装饰，来衬托金字塔的宏大，又以古埃及人常用狮子代表法老王，象征其无边的权力和无穷的力量。

陵墓墙上的象形文字记录了金字塔修建时的情况。墓壁上有绘画，也生动地展现金字塔修建时的情况。这群古墓造型多样，用料不一，有的墓如金字塔形状，有的又呈圆形拱状，有的则是长方形平顶斜坡式。用料主要有3种：土砖、玄武岩和花岗石（图1-2）。

胡夫王是斯奈福尔王和霍特普勒丝的儿子，是第一位在基沙台地上兴建金字塔的国王。他的金字塔底部边长230米，高146米，用了共260万块，每块重达2吨半的石头，堆积而成，是埃及规模最大的金字塔，象征国王至高无上的神格化王权。如今，我们仍然可以清晰见到在陵墓周围大部分的壁画与雕像（图1-3）。

阿蒙神庙位于卢克索镇北4公里处，是卡尔纳克神庙的主体部分，这里供奉的是底比斯主神"太阳神阿蒙"，建于公元前1550～公元前1530年间，在此后的1300多年不断增修扩建，共有十座巍峨的门楼、三座雄伟的大殿。阿蒙神庙内还有闻名遐迩的方尖碑和法老及后妃们的塑像。方剑碑的高高矗立，在倒塌的神庙残壁断柱上，可见它们表面的壁画有些侵蚀，这种残缺的美使五千年的埃及历史显得更神秘，等待人们去深入挖掘与研究（图1-4）。

阿蒙神庙的石柱大厅最为著名，内有134根要6个人才能抱住的巨柱，每根21米，顶上据说能站一百来个人。这些石柱历经3000多年无一倾倒，令人赞叹。庙内的柱壁上和墙垣上都刻有精美的浮雕和鲜艳的彩绘，它们记载着古埃及的神话传说和当时人们的日常生活。神殿高大、威严，粗壮的神柱造型非常有特色，上面的雕刻纪录历史依稀可见，神柱下面的装饰物是些吉祥的动物造型有猴、狮子、羊、牛等等。雕刻的技术精细，工艺精良（图1-5）。

阿蒙神庙建筑在卢克索位于开罗以南700公里处的尼罗河畔，建在古代名城底比斯的南半部遗址上。底比斯

图1-7

图1-6

图1-8

的风格，图像立体、别致有新意，与以前的神殿雕塑、壁画都有不同。原因是当时罗马帝国占领了古埃及（图1-8）。

同样在四大文明古国的中国，佛教圣地遍布各地，在南京的栖霞寺周围的山坡上，奇异地肃立一处如钟形的摩崖石窟，在栖霞寺门前的两侧香炉中屡屡飘来的烟雾笼罩在石窟上，好像在诉说着历史（图1-9）。

南京栖霞寺的舍利塔是中国最大的舍利塔，数百年来由于自然风化、雷击火烧破坏了塔体的原来容貌，但塔上面的神像雕工依然精美、清晰可见。舍利塔在寺外右侧面，始建于隋文帝仁寿元年(601年)，七级八面，用白石砌成，高约15米。塔基四面有石雕栏杆，基座之上为须弥座，座八面刻有释迦牟尼佛的"八相成道图"，有白象投胎、树下诞生、九龙浴太子、出游西门、窬城苦修、沐浴座解、成道、降魔和涅槃。八相图之上为第一级塔身，第一级塔身特别高，

是古埃及中王朝和新王朝时代的都城，距今已有4000年历史。神殿进入口大道两旁的装饰物用，为非常具象的羊头石像一线排列，每个羊头下面都有一个人站立着，形象生动、逼真，气势动人（图1-6）。

卡尔纳克神庙，位于卢克索以北5公里处，是古埃及帝国遗留的最壮观的神庙，因其浩大的规模而闻名世界，仅保存完好的部分占地面积达30多公顷。整个建筑群中，包括大小神殿20余座。院内有高44米，宽131米的塔门。大厅柱子宽102米，深53

米，其中共有134根巨型石柱，气势宏伟，令人震撼。这座神殿具有古罗马的风格，华丽壮观，法老与他们的妻妾雕像在神殿中到处可见，整座神殿在夜晚的灯光照耀下，神秘、美丽、魅力无限(图1-7)。

卡尔纳克神庙建筑最让人神迷的是刻在墙上的优美的图案和象形文字，有战争的惨烈，有田园生活的幸福，有神灵与法老的亲密接触。在建筑上用这些石刻艺术来记录历史，告诉人们遥远而辉煌的古埃及。神殿中的墙面雕塑的造型同样具有古罗马

图1-9

图1-11

图1-12

图1-10

八角形，每角有倚柱，塔身刻有文殊、普贤菩萨及四大天王像等浮雕。以上各层上下檐间距离较短，五层檐由下至上逐层收入，塔身亦有收起。各面均凿两石竞，竞座一佛。檐下斜面上还雕刻飞天、乐天、供养天人等像，与敦煌五代石窟的飞天相似。塔顶挂为莲花形。整个舍利塔造型精美，不仅是隋唐时期江南石雕艺术的代表作，也是研究古代佛教、艺术、文化的珍贵实物。在舍利塔后边的山岩中，还有一组南朝时期开凿的石窟，内凿佛像500余尊，称千佛崖。其中最大的佛像是无量寿佛，高达10米，左右是观音、菩萨立像，组成西方三圣。周围的岩壁上有各种佛像，千佛崖的佛像极其精美壮观，反映了古代劳动人民在建筑装饰方面的智慧和力量。

栖霞寺现存建筑山门、天王殿、比卢殿、藏经楼、摄翠楼等，大部分是清朝光绪三十四年重建的。千佛崖石窟自齐永明七年(489年)栖霞寺创立，至梁天监十年(511年)规模初具，历时凡22年，其建造年代早于河南洛阳龙门石窟而晚于山西大同云冈石窟，因此可以看作是同时代的作品。千佛崖共计石窟佛龛294个，造像515尊。洞穴中央有一尊佛像盘腿坐在莲花座台上两手交叉平放在腿中间，面容慈祥。左右边的菩萨站立着，尽管有三尊的头部残缺了。从外部来看他们的衣着与脸部的样子与神态各有不同（图1-10）。

千佛崖石窟无量寿佛坐高7.49米，连底座在内通高9.31米；两侧侍立着观音。这一洞穴的雕塑与上面洞穴的佛、菩萨，在座的姿态与容貌等外部表现上都有很大区别。特别是中间这一雕像两脚坠地，两手平放于膝盖，平静而又安详（图1-11）。

大佛，无论在雕塑的造型设计上，还是在布局结构上都颇费心思，如群像的周围是红色的，更好地突出了雕像的立体感（图1-12）。

千佛崖石窟中部的左面一座造像，天王身上的盔甲雕工细腻，点、线、面清晰可见。上身中间有一个

图1-13

图1-15

图1-14

兽的脸部造型，在绸带连接处同样有一个兽脸，两脚站在莲花台上，着实有力，整个雕像装饰性强（图1-13）。

千佛崖石窟中部的右面一座造像，这尊天王的雕工与上面一尊雕像有着同样的精良技艺，但脸部的表情完全不一样，慈眉善目。外衣外面的配饰同样有兽脸，不同的是下面是大象头，意味着世界的美好，生活平安，康乐（图1-14）。

这些石窟佛龛平面多呈蹄形，题材以阿弥陀佛、弥勒佛、千佛为主，以及释迦多宝、七佛等。每一个窟龛内造像数目不等，或立或坐，神态各异。

在千佛崖石窟中，以"三圣殿"内的无量寿佛、观音菩萨、势至菩萨最负盛名（图1-15）。

在西部的雪域高原西藏，寺庙的建筑和建筑装饰上与内地的寺庙截然不同，在建筑的外部墙上样式和色彩上都有明显的改变。朱红色与黄色、使庙宇富丽、华贵略带气势，白色与黑色使庙宇肃穆、庄严、神圣。

布达拉宫在西藏拉萨西北的玛布日山上，是著名的宫堡式建筑群，布达拉宫始建于公元7世纪，是藏王松赞干布为远嫁西藏的唐朝文成公主而建。在拉萨海拔3700多米的红山上建造了999间房屋的宫宇。宫堡依山而建，现占地41万平方米，建筑面积13万平方米，宫体主楼13层，高115米，全部为石木结构，5座

宫顶覆盖镏金铜瓦，金光灿烂，气势雄伟，是藏族古建筑艺术的精华。被誉为高原圣殿（图1-16、图1-17、图1-18）。

布达拉宫依山垒砌，群楼重叠，殿宇嵯峨，气势雄伟，有横空出世气贯苍穹之势，坚实墩厚的花岗石墙体，松茸平展的白玛草墙领。宫殿的设计和建造根据高原地区阳光照射的规律，墙基宽而坚固，墙基下面有四通八达的地道和通风口。屋内有柱、斗拱、雀替、梁、椽木等，组成撑架。铺地和盖屋顶用的是叫"阿尔嘎"的硬土，各大厅和寝室的顶部都有天窗，便于采光，调解空气。宫内的柱梁上有各种雕刻，墙壁上的彩色壁画面积有2500多平方米。布达拉宫的建筑外立面的装饰高低错落，别致生动，开窗的设计与装饰在相符合颜色的窗罩的衬托下更添一番神秘的气氛。黑色与朱红色调配的台阶，像流动的线条与梯形的建筑物上的格窗构成了一幅美妙的图画。

图1-16

图1-17

图1-18

图1-19

图1-20

图1-21

　　红、白、黄三种色彩的鲜明对比，分部合筑、层层套接的建筑型体，都体现了藏族古建筑迷人的特色。布达拉宫是藏式建筑的杰出代表，也是中华民族古建筑的精华之作。窗子的罩帘、流线型的台阶、从下往上高高耸立的宏伟建筑由于黑、红、白、黄的装饰渲染，特别是大面积的白色，更显神圣。藏传佛教认为，对佛的顶礼膜拜是信徒修行的基本教律，转经朝圣是实现这一教律的基本。而为实现这一教律和仪轨的需要，形成了西藏特有的建筑平面和城市布局。

图1-22

图1-24

扎什伦布寺是中国藏传佛教的格鲁派寺院，位于西藏日喀则的尼色日山下。明正统十二年（1447）宗喀巴弟子根敦主兴建，由四世班禅罗桑却吉坚赞扩建，后来历代班禅对扎什伦布寺均有扩建。扎什伦布寺金色的屋顶上的鎏金经筒在天空中熠熠生辉。经筒的造型有小到大直冲云霄，向上为神灵生活的天界，向下是黑暗的地界，两者之间是人和生物生活的中界。建筑被看作是世界的缩影，并被构建成理想的世界空间形式（图1-19、图1-20、图1-21）。

扎什伦布寺占地面积15万平方米，周围筑有宫墙，宫墙沿山势蜿蜒逶迤，周长3000多米。寺内有经堂57间，房屋3600间，整个寺院依山坡而筑，背负高山，坐北，地向阳，殿宇依次递接，疏密均衡和谐对称。金顶红墙的高大主建筑群更为雄伟、深厚、壮观。在西藏古代建筑艺术中，藏传佛教寺院建筑艺术最富有民族和时代特色，多依

图1-23

山而建、规模宏大，气势浑厚，工艺精致，金碧辉煌，蔚为壮观。从佛教寺院形成之初，到藏传佛扎什伦布寺金顶上装饰物双鹿、教寺院建筑艺术主体风格的形成，其间大体经历了寺庙、寺院、宫殿与寺院建筑融合的三个发展阶段。

法轮、宝幢等物件在傍晚天空中金光流溢，壮丽辉煌。古代吐蕃人认

为，藏王死后是要回到天界的。彩虹是登天的光绳，山体是抓住彩虹的天梯。为了便于回到天界，人们把宫殿等建筑在高山之巅。在晚霞过后的天空中，屋顶上的这些装饰物越加显得神秘。

我们再把目光投向日本。在日本寺庙的建筑风格和建筑装饰设计上具有鲜明的民族特征，寺庙的形状如宝塔一般向天空延伸。外部的装饰精致、华丽，白色的墙面配有金色的纹样。外形造型以渐变从大到小高耸如云。特别是寺庙下面的粗石垒砌的护墙河与庙宇形成了鲜明的对比。在寺庙的周围的休闲椅子和路上的下水道上的盖子也充满着装饰味道（图1-22）。

高耸的日本大阪府与护城墙，由巨大岩石筑成的地基，这些石制地基非常的坚固，在许多依然保存了下来，是日本战国时代城堡的最为标志性的建筑样式。因为很多城堡的气势则更为雄伟壮观、富丽堂皇，显示出当时丰臣秀吉前所未有的富贵荣

图1-25

图1-26

华。从这些巨石垒起的地基来看，相比较同时期欧洲的城堡，日本城堡建筑的工程量还是很大的（图1-22）。

日本上野东照宫的外部装饰清丽、文雅，在松树的映衬下，宫殿顶面的琉璃瓦光彩熠熠。是供奉日本最后一代幕府——江户幕府的开府将军德川家康的神社，建造于1617年，之后由于三代将军家光的缘故，使得它重新变成现在所见到的这般绚烂豪华之庙殿（图1-23）。

大板公园里带有装饰花样的椅子，灰黑带有花丝的图案镂空设计的椅子一线并联与参天大树组成了一幅美丽的画卷，碧空的蓝天作为背景，深透得美奂美轮（图1-24）。

路面的阴井盖上，带着日本古建筑庙宇的样式与樱花的装饰图案，造型的设计与颜色的配置，淡蓝色的大阪府与粉色的樱花形成强烈的对比，点、线、面组成的画面，表现在建筑与花卉包括天空的描写，"中央区"三个文字的左右有水滴纹的图案，鲜明地告诉我们这个盖子的功能（图1-25）。

在成田机场，其室内装饰，以红、黄、蓝为主，在玻璃幕墙上喷绘出绚丽的图画，在灯光的照耀下晶莹剔透，所有的色彩相互交融，发出异样的光芒(图1-26)。

情人节期间，日本大阪街上的一家巧克力商店，橱窗的布置、装饰的元素选用了心，色彩以红色搭配白色。传统的花饰点缀着红心，巧克力的甜蜜象征着爱

图1-27

图1-28

图1-29

图1-30

情，整个橱窗洋溢着一种节日的气氛（图1-27）。

日本农庄的建造风格独特充满无穷的魅力，加上外部经典的装饰，在生机盎然的绿野中犹如一颗玛瑙，爆发出一种耀眼的光芒（图1-28）。

在日本，一般在寺庙前，有一个地方给人们洗手和漱口，水龙头以龙身为主题，水从龙口吐出洒落在竹制的水槽中极为自然，活灵活现，以龙作为装饰表现了设计师的大胆和力量感（图1-29）。

这是具有西式设计的日本乡村别墅，选用自然的石材装饰外墙面，用铸铁装饰阳台，特别引人注意的是铸铁刷上白漆带有花饰的椅子和桌子，将冬日的野外点缀得格外醒目（图1-30）。

在建筑装饰领域，不能不提的人物有安东尼·高迪，在安东尼·高迪的建筑中装饰风格奇异而美妙无比，他对色彩、材料及各种曲线的运用精妙娴熟，创造出世界上最奇特、最富有

观感的建筑，他在建筑装饰设计上给人们的视觉冲击如此的强烈，为西班牙巴塞罗那这座城市注入了独特的韵味。他擅长运用铸铁雕塑各种造型装饰建筑的阳台、窗户、路灯与门，最典型的是米拉之家的外观的阳台铸铁栏杆。陶瓷也是他拿手的建筑装饰材料之一，如：巴特略的家阳台用面具

和骷髅造型，加上外墙玻璃与彩陶瓷的组合，增添这栋房子的神秘色彩。比森斯之家外观上釉陶瓷装饰运用蓝以黄搭配花型。各种动物、植物、形状、字母、数字等都是他作为建筑内部、外表装饰的造型类型。

在黄色砖面的墙上，配有十字架装饰的窗户，这个立体十字是高

图1-31

图1-32

图1-34

图1-33

迪建筑的注册商标。在左、右面有两个圆同样起着装饰作用，一组字母PalkGuell代表格尔公园（图1-31）。

外墙的装饰是由五颜六色的马赛克拼图的釉面砖与天然的石材相结合，将每个墙面的效果表现的立体直观。配上具有装饰花形的立体铸铁的防盗窗，有意与墙砖配合，形成强烈的对比，这种对比效果加深了人们的视觉感（图1-32）。

巴塞罗那皇家广场上街灯，此街灯的造型不同于其他的街灯，以六只手臂为造型，装饰效果很强。在巴塞罗那只有两座他设计的街灯，其中有一盏以三个手臂为造型的街灯放在宫廷广场上（图1-33）。

这门的造型元素是采用了棕榈树叶子，用铸铁打造出来的。工艺的精湛与独特的艺术效果将比森斯家的大门显得无比坚固耐看（图1-34）。

用铸铁制造窗栏杆，抛起的窗与棱形交叉造型的铸铁条，横条砌的砖墙，加上一部分不规则的毛面墙面形成了对比（图1-35）。

特瑞莎学院铁门，运用了构成原理，呈现了许多装饰元素，并连成多根螺旋的形带旋转造型的铸铁、瓶状造型的大门中心有一对称看似叶片形状还带有一颗星、上部有两个似爱神之箭的造型。赋予这所学院铸造的大门特有的宗教情结（图1-36）。

复杂而又丰富的图案一直是高迪的最爱，用来装饰铸铁门窗。在这简单长方形的造型在螺旋形铸铁杆上下延伸出两组类似蝴蝶形状的图案，丰富了传统的四方形的窗户（图1-37）。

弓形窗型几根铸铁与周围橘黄的条形墙砖形成反差，更重要的是窗户与上方有几个镂空的洞相呼应，有效地缓解了整个压力，左右两边鱼纹的装饰将墙面打造的丰富多彩、夺人眼球（图1-38）。

位于巴塞罗那（Nou de la Ram-Bla）街上的格尔馆的大门，是高迪的大作之一。建筑外部装饰采用了大石头砌成，自然、诚朴、结实、古典。而大门的造型设计在当时是属于前卫的，新颖而又奇怪，有不少人不能接受。而格尔与高迪具有相同的审美观，在麻花辫子、凹凸不平、方格子的铸铁装饰的上方以多层曲线编织的图案中，有一枚徽章代表着加泰罗尼亚。格尔本人也是加泰兰人，他同意高迪用这种图案，左面采用铸铁制作一个三维的圆柱体和编织一个网，结实、立体、复杂，在上面站立一只正在咆哮的鹰，即将展翅高飞（图1-39）。

图1-37

图1-35

图1-38

图1-36

图1-39

图1-40

图1-41

图1-42

图1-44

图1-45

格尔馆两楼的铸铁装饰栏杆华丽古典又充满着生气（图1-40）。

此幢建筑装饰风格与色彩上都与高迪其他建筑物有所不同，是他为卡尔韦特设计的。卡尔韦特是一位真菌专家，菇类是他的最爱，高迪用香菇等一些真菌类装饰图案布置在外观上（图1-41）。

在卡尔韦特家，屋檐边圈上的装饰也极其奢华，这尊雕像是位守护神，可见卡尔韦特对宗教的虔诚（图1-42）。

高迪在外部墙面上安置了两个类似面谱的装饰物，我们不难发现它们是个起重杆，为了方便搬家而设计的，当时在房屋的外墙上建造它还是挺流行，高迪是在起重杆上设计用了更多装饰的成分（图1-43）。

高迪在格尔家的女儿墙设计上也颇花心思，三角形里的五边形、砖与蓝色、白色的瓷砖搭配颇有味道（图1-44）。

在科米亚随心屋的外部设计上，高迪大胆地把写实的向日葵造型运用带状装饰在窗边上和整幢房屋外部，在屋顶的瞭望台外部全部用向日葵花朵与叶子装饰，屋面色彩的绚丽与周围的自然环境融合在一起（图1-45）。

格尔家大门右面石柱上面有一个标志G字，代表高迪的签名，立体的花卉装饰簇拥着G字，呈现出柔美、高雅与华贵的气质（图1-46）。

铸铁的防盗墙既美观又实用、阳台的铸铁图案与外墙的花色瓷砖相符成趣，巧夺天工，别具匠心。那么多的装饰，没有一座建筑像比森斯的家，花费如此多的财

图1-43

力、人力与物力，倾其所有，不可思议。图案的装饰风格具有阿拉伯人的伊斯兰风格，使人想到阿拉伯人，伊斯兰人的地毯，图案的花样造型、色彩的美丽大方、典雅、精美、绝伦无比（图1-47）。

图1-47

图1-48

图1-46

图1-49

图1-50

图1-51

图1-52

上面两座窗户在造型上完全不同，一个是拱形带有曲线的五角星花带，里面有凸出的八角形造型，以玻璃为材质，周围的直条状、曲线镶嵌玻璃，增加了人们的视觉感。另一个三角形加长方形的造型与传统的长、正方形窗户不同。玻璃上的色彩装饰效果各具特点，在外立面上石砖的质感所带来的肌理效果与艺术造型加上色彩的组合在视觉感观上增添了无穷的魅力（图1-48、图1-49）。

下面我们具体介绍一些常用的建筑装饰设计技法。雕刻、彩墨、重彩、蜡染、刺绣、版画、油画等表现技法常运用在建筑物上，如：壁画、建筑外立面的装饰墙面画、建筑内部墙面的装饰画。立面是指通过材料的制作表现带有三维倾向的画面，如：壁挂、浮雕、拼贴、雕塑制作等。无论在过去还是现在环境艺术中这些运用都是非常普遍的。而作为建筑装饰设计于视觉艺术语言，可分为具象语言、意象语言和抽象语言。具象语言在一般意义上理解为写实表现形式，通常是真实地描绘事物，对客观现象再现。我们在表现客观形象中可以追求一定的形式美和法则，把写实手法更单纯、更直接地再现于客观物体。写意语言在于将直观的感受用概况和随意的方法来表现，而这种随意和概况并不是简单和乏味的，是艺术家通过对客观事物的观察后加入了自己主观意识，体现了艺术家情感与审美思想。写意语言包含了深刻的内涵，同时给人震撼力、吸引力和感染力。抽象语言作为一种视觉表现形式在现代建筑装饰设计艺术中运用十分广泛，表现形式可以通过极度的扭曲、夸张、肌理、条理、秩序化等处理，达到鲜明的视觉效果。尽管我们把表现形式分为几种语言，但是形式归形式，在建筑装饰设计上不能一味追求那种固定的法则和模式去表现，否则会使我们的艺术作品产生死板、僵化、陈旧的弊病。

办公室墙上的装饰画，具有抽象的表现语言（图1-50）。

广州白天鹅宾馆中餐厅，墙上的壁画中用了中国画中传统的图案梅、兰、竹、菊，又以民族的风格蓝印花布作底色配有红木架的颜色，增加了中国化的元素（图1-51）。

舞动青春（40cm×50cm，高丽纸，水粉颜料）（作者：周子吟）

舞者，动也。借用高丽纸画法将墨汁随机晕染上来，那动态优美的身姿也就随之烘托出来（图1-52）。

夜的村庄（50cm×50cm，泡沫塑料板，水粉颜料）（作者：周子吟）

夜虽到了，窗户却更加明亮了。在明亮的窗户背后，各家在述说着各家的故事(图1-53)。

软材料：漂亮的树（40cm×80cm，油画框，水粉颜料，毛线）（作者：周子吟）

人生就像一棵树，树上挂着果实，果实是一生的积

图1-53

图1-56

图1-55

蓄。让你的人生过充实、精彩，就像这棵漂亮的树（图1-54）。

壁画肖像 具象语言现实主义

材料：布面丙烯 作者：杜兰（法国）（图1-56）。

壁画肖像 具象语言现实主义

材料：布面丙烯 作者：杜兰（法国）（图1-57）。

壁画肖像 具象语言现实主义

材料：布面丙烯 作者：杜兰（法国）（图1-58）。

壁画肖像 具象语言现实主义

材料：布面丙烯 作者：杜兰（法国）（图1-59）。

新天地商场走道中的壁画用来装饰建筑的空间环境，写实的绘画风格与商场中规中矩的设计风格形成了和谐的气氛，画面中大量的红色的运用使建筑空间的灰白装饰效果得以缓解。但是如果只是一味追求暖色调的壁画会将整个建筑空间感的宽度与广度拉近，则会影响建筑空间的效果。因此配备一些冷色调的壁画可以平衡整个空间环境的视觉感，让空间环

图1-54

图1-57

图1-58

境的层次得以提升到更大的高度与深度（图1-55、1-56、图1-57、图1-58、图1-59）。

橱窗的布置显示出高雅、雍容华贵的气质，在橱窗的装饰上玫瑰红的团花簇拥着、怀抱着两件商品，夺人眼目(图1-60)。

浮雕展示帕森·布林克霍夫公

图1-59

图1-63

图1-61

图1-60

司在历史上的辉煌的业绩，记录在过去建造第一条铁路时，威廉·巴克利·帕森视察汉考洞与坎顿洞的情景。浮雕中的形象生动，衣服的纹理轻重缓急，游刃有余，东西方的人物刻画形成了鲜明的对照（图1-61）。

楼梯的墙上浮雕是由11幅塑料浅浮雕板拼贴而成。分别描绘了帕森·布林克霍夫公司在建造隧道、高速公路等领域中所取得的成就。浮雕的构图安排和刻画与楼梯之间所造成的视觉感惟妙惟肖（图1-62）。

米拉家房子顶上的烟囱，是以罗马士兵钢盔作造型来装饰的。在造型设计与颜色选择上使人耳目一新，特别在材料上选用了耀眼的蓝色玻璃镶满整个头盔，透亮得如同晶莹剔透的宝石。烟囱的形状如同人的脖子，再往下我们感觉到男人的喉结，粗大结实有力量（图1-63）。

在上海有一家名叫玉膳房的餐馆，在过道旁边的锦台上放着一些古董，其颜色与样式与锦台上的木制质感和墙面颜色相互动，突出这家餐厅走廊的特色（图1-64）。

一家泰国餐厅休息室的内部装饰效果突出，首先是门的造型设计与墙面上错落有致排成的镂空墙洞、墙洞中的小雕塑与镜前的雕塑遥相呼应，沙发与靠垫的颜色像一颗红玛瑙将这一厅打造得更美更亮，档次一下子就提高了(图1-65)。

办公室的会议桌上的装饰雕塑提高了环境的文化气

图1-62

图1-64

图1-65

图1-66

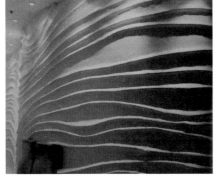

图1-68

图1-69

图1-67

图1-70

图1-71

息，两件雕塑，前面一件奔跑的白色人物雕塑以表现主义语言，感慨、提炼、清晰、明朗，无论在形式上还是内容上，与整个室内的设计搭配到极点，包括在颜色的设计上（图1-66）。

北京亚洲大酒店浴室中的雕塑，一般的浴室的装饰设计以清新明亮的传统风格，而这一酒店的浴室的追求一种古朴，具有沉淀的风格。当你走进浴室前的这一走廊时，心扉得到放松，心情一定特好，不是吗？（图1-67）。

以流动曲线的浮雕装饰墙面来吸引人们的眼球，加上这纯粹的白加土黄色彩。类似接近大麦色，很多设计师会选择运用这类简单、清新又不脱俗的风格，运用构成的设计原理和设计语言，达到完美的设计效果（图1-68）。

静安宾馆豪华套房的细部，窗户上的玻璃彩画与窗台下面的镂空雕花作为装饰效果突出(图1-69)。

静安宾馆豪华套房中的中国古典家具与木结构窗户的装饰形成了对比。在对比中又求同异，在色彩上追求高雅的沉重的红木元素，亮丽的家居与玻璃对照着，生动、复古、经典（图1-70）。

贝列斯瓜尔特家的大门左右墙面上的两鱼马赛克拼图，它的装饰作用与墙面棕、米黄墙面砖的色彩形成强烈反差。鱼身的蓝色、红色与皇冠的黄色，鲜明的三原色打造在白色底色上，可见设计师的慧眼与用心(图1-71)。

二、建筑装饰设计意义

建筑装饰设计形式与其他设计形式有共同点，但也有许多不同点，体现在装饰审美上更强调主观意识在建筑装饰中的主导地位。建筑本身就是一座巨大的艺术作品，我们从建筑外面走入建筑的里面，在行走中感受它的艺术魅力。附着在建筑实体上的装饰，如壁画、挂壁毯、浮雕、彩釉瓷等材料，还有包括与建筑环境发生

图1-72　　　　　　　　　　　图1-73

图1-74

图1-75

联系的艺术品，如铜雕、石雕、砖雕、立体花雕等。装饰设计是通过建筑主体的结合，在特定的空间表达某种思想和艺术形象，起到美化环境和改善空间的作用。在不同的空间里，艺术形象提升环境的文化品位和氛围。

玻璃镶嵌所营造出的装饰效果的图案，透出外面天空中的蓝天与白云。造型中运用线面相结合，图案以光环的旋转动感，大胆地运用了绚丽的黄色、紫色、褐色、绿色，加上直线与曲线的运用，大点与小点的搭配，形象生动活泼（图1-72）。

彩色瓷砖拼贴成的图案与英文字母，具体意思是格尔公园，既作为标志，又起到装饰的效果。湖蓝几乎接近淡墨绿色、钴蓝、土红与赭色运用渐变的过渡以追求完美的境界。这是许多设计师不懈的追求（图1-73）。

米拉家屋顶的台阶与头盔造型的烟囱，三尊雕塑站立在屋顶上，造型各有不同，体积上分大中小，大型的装饰物是一个进出入口，形状是头盔的顶部。中型的装饰物是两个士兵的头部与脖子，此物是排气孔。小型的装饰物也是排气孔，像一个口。台阶的面块结合与圆形的雕塑相互表现，衬托对比（图1-74）。

米拉家的中庭上的小窗户，像一张张大开的口，上嘴唇边线与房檐边线相一致，格调统一。同时我们发现屋顶上有个休闲角，使因斜角的顶面滑入的压力而给人一种窒息感得到一丝缓解（图1-75）。

巴塞罗那圣家堂内部的雕塑，构图完美、动物与人物脸部表情逼真、动态造型栩栩如生。设计师巧妙地将两个人物悬空在拱门之中，这是上帝天堂与人间的界

图1-76

图1-77

图1-78

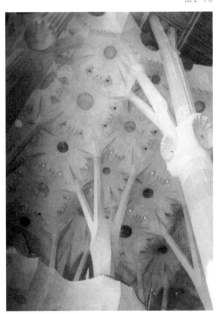

图1-79

图1-80

图1-81

限，雕塑技艺熟练、圆润光滑。一刀一凿，游刃有余，堪称是现代最完美的教堂建筑雕塑（图1-76）。

圣家堂内部雕塑，以现实主义为主，浮雕与人物雕塑配合，人物表情细腻，人物的线条简练，主题突出，整体效果统一。雕刻刻画出基督耶稣父亲的智慧与刚毅，母亲圣母玛利亚的仁慈与美丽，小耶稣的虔诚与可爱（图1-77）。

圣家堂内部雕塑，以表现主义的风格为主，基督耶稣受难时的造型经过概括与提炼，加剧了画面的戏剧性、表现性、情节性。教堂的外部与内部的装饰效果强烈，犹如一个艺术的博物馆（图1-78）。

内部的梁柱是以树杆作为造型的，支撑着整个面，顶面是宽阔的树叶作为造型点、线、面结合，浑然一体，巧夺天工。在这世上没有一个建筑师能像伟大的高迪那样有灵感，有创造力（图1-79）。

圣家堂的外部样貌与雕塑艺术，堪称是现代教堂建筑装饰艺术的里程碑，无论是教堂的内部，还是教堂的外部，其每一个细节的建筑装饰艺术都是如此的精美、完美、细腻、精辟，我们可以用所有美丽的词语赞美它都不过分（图1-80）。

圣家堂的内部装饰面貌，穹顶的建筑装饰（图1-81）。

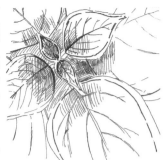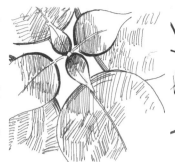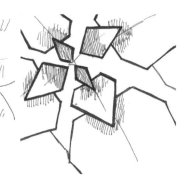

图1-82

建筑装饰艺术 组画—树叶变形

同济大学建筑与城市规划学院 零九建筑三班 沈祎程
植物的生长中本身也富有韵律——如同一个有条理有层次
的数学模型一样。两个方向顺次而下的叶片逐渐变大，经
历一次次的成长之后整个生命不断生衍。

第二节 建筑装饰设计表现的要素

建筑装饰设计的表现要素首先在于创作思维的形成
和表达，但必须具备一定的知识面，对自然界事物的观
察和理解能力，具备丰富的艺术想象能力，具备一定的
绘画能力和熟悉建筑空间和专业设计基础的能力。只有
具备了以上的能力，才能将建筑装饰设计表现的要素得
以设施，也就是将建筑范畴与艺术范畴相结合。

以下是同济大学建筑学专业的学生沈祎程的作业，
从植物、动物、景物等设计来表达对建筑装饰的认识
（图1-82、图1-83、图1-84、图1-85、图1-86）。

一、对自然界事物的观察和理解能力

生活给予设计创作以灵感，但是一切的设计灵感均
来自受自然界事物的启发。对自然界事物的深入理解，
对建筑结构和建筑环境的理解。甚至更是要具备特殊的
观察能力，这种观察能力不是一般意义上的观看和辨
别，也不是通常我们所说的绘画上的观察能力。建筑装
饰设计创作要求我们将艺术设计思想应用于建筑物的表
面或环境空间中，因此首先要根据地域、环境、空间和
文化氛围选择什么形式的装饰艺术设计。例如，在某一
宾馆的大厅正中需要一幅百花图，就先要从花卉的内

部组织入手，认识其结构规律，然后在设计中有目的进
行重构。下面我们以一家名叫"百花居"的餐馆为例来
说明。餐厅的装饰以水仙花为主题，餐桌的中央都摆放
着水仙花，餐具的色彩大多以花的绿色和白色作为主色
调，为了更突出餐厅的环境、空间和形式美的特点，在
大面积的墙上配上以水仙花为主色调的"百花图"（图
1-86）。

以"百花居"命名的餐厅的壁画与餐桌上的布置，
墙面的以水仙花为题材的壁画与餐桌上的布置相统一。
壁画运用中国画的表现手法，画面空间虚实变化，恰到
好处。整个餐厅以洁白清丽的色调加以重色的木椅，黑
白灰分明。典雅的装饰设计打造出一个高档的餐饮场所
（图1-87）。

广州花园酒店大堂的总服务台上面的一幅壁画，整
个空间的宽阔与亮堂，将接待大厅装点得富丽堂皇，让
客人有宾至如归之感，设计与制作具有浓厚的民族特点
与特色（图1-88）。

办公楼的大门进口，橙色的木制双门与进口左边的
橙色墙上几排以红色、黄色、粉色飞鸟的装饰物形成一
个整体，这个装饰的亮点使沉闷进口有了一种别样的气
氛（图1-89）。

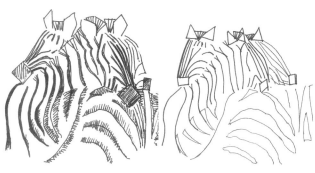

建筑装饰艺术 组画—斑马的变形

同济大学建筑与城市规划学院 零九建筑三班 沈祎程
斑马的条纹不仅是它们躲避敌人的伪装,更是自然奇妙的
美丽创造。当三只斑马依偎在一起,条纹互相之间形成了
奇妙的交融,在安静中又有流动。

图1-83

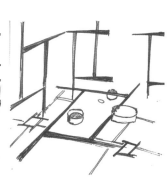

建筑装饰艺术 组画—和式房间室内的变形

同济大学建筑与城市规划学院 零九建筑三班 沈祎程
日本的建筑与中国唐代古建筑有很相似的地方,而由于当地的气
候、物质条件的特点日本建筑业富有自己的特色,尤其是民居中。对
于空间方形的分割给予空间一种秩序和节奏,而器具的圆形则点缀
其中,有着柔软性。

图1-84

建筑装饰艺术浮雕—《有树的风景》

（泡沫板·烙铁）
同济大学建筑与城市规划学院 零九建筑三班 沈祎程

总体构思　　　　每种景物的线条表现方式　　细部衔接的可能性

浮雕式一种通过2.5维的平面来表达三维效果的艺术，在设计室必须注重画面的层次感。在考虑了画面前后层次的同时结合材料工具本身希望通过模仿梵高画中的线条来给予作品中的景物一种生命力，使得画面更有张力。

图1-85

高丽纸建筑装饰画——夜晚荷花

同济大学建筑与城市规划学院 零九建筑三班 沈祎程

荷花本身是高洁的美好意象，而在夜色的映衬下，有了神秘的气质。通过高丽约斑驳的效果营造出这种朦胧的气氛最后用金色强调—引些轮廓使画更有装饰感。

图1-86

图1-87

图1-88

图1-90

图1-91

图1-89

图1-92

图1-93

图1-94

　　店面里的橱窗用垂挂的形式作为装饰，黑、白、灰色加上玉色的饰物,与店里的商品形成了和谐一体，在线体组成界面上，圆形商标以Franctranc为店名醒目突出，在此装饰中增添了异样的风情(图1-90)。

　　"气味"图书馆店面设计，清新而又自由。左右两边的画以剪纸的镂空展现出店面的空间效果，画中的主题是植物、花卉称托出"气味"图书馆的设计要素与重点，设计与店名有创新不入俗套，具有很浓的文化气息（图1-91）。

　　墙面镂空的装饰效果形成里外遥相呼应，还有宽阔的绿色条子在白色的墙面起到一个打破沉闷的局面的作用，同时绿色的办公桌椅与绿色的条子相统一。其实增添亮色的是有一组黄色横条的加入，让这一空间更有特色（图1-92）。

　　楼梯的台阶、扶手与墙面的壁画相映成辉。壁画以抽象的表现形式，在色彩上有两点分外突出，一是少量的橙色，二是紫青与浓重靓丽的湖蓝配以大面积的褐色在以白灰为主色的空间中，十分醒目（图1-93）。

　　2010世博会的非洲馆中运用雕塑来装饰墙面，人物造型各有特色，脸部表情细腻，结构明确。整个雕塑在灯光的照耀下，楚楚动人（图1-94）。

二、具有丰富的艺术想象能力

　　对自然界具有观察和理解能力还不够，还要具有丰富的想象能力。要想一件作品具有艺术的感染力，使其有动感、韵律感、夸张感、抽象感，这就需要想象力。想象力越丰富，设计的思路就越广。想象力可以从自然界中寻求灵感，也可以通过心理感应，即再造和创造自然形象的心理能力。建筑装饰设计，除了用自然的造型元素之外，还可借助形象的元素、抽象的元素等，使我们的想象力更开阔。下面我们以杨奕娇学生的几幅作品为例进行说明。

　　图1-98至图1-100三部分，是刘丕骊的风景变形、花卉变形、动物变形，包括设计作业运用到室内的建筑装饰中。作者选用了中国民族最传统的建筑但她的构思并不仅此而已，她注入了丰富的想象力。在第一部分她已经把房屋的视觉空间拉大拉宽了，在第二、第三部分表现的手法也有所不同，也就是在描写与叙事的情节上有所改变。在描写百合花的特点时，她围绕着花蕾突出其美丽芬芳，可见她本人对此花的钟情与热爱。在描写翱翔奋飞的鸟儿时，群鸟展翅高飞突出其相互帮助，是一种群体的配合与力量（图1-101）。

　　在室内的装饰部分，家具的选择与这幅画的搭配惟妙惟肖，无论在颜色的设计还是家具款式都很贴切。

图1-95

繁花——花卉变形

09级历史建筑保护工程 090469 杨奕娇
对花卉进行图底转换，然后提取出图片中茎的线条缠
绕感，配合以将花瓣也放大成为线条、同心的。最后
将同心感做强，把除了茎以外的部分都转化成同心圆
的互相交叠。

图1-96

企鹅——动物变形

09级历史建筑保护工程 090469 杨奕娇

企鹅是一种有比较明显颜色和形体特征的动物。提取企鹅身上黑白灰三色作为色彩变换。根据企鹅形体的三角感，以三角为元素进行构成，然后细分，使得每一只企鹅都成为放射状的三角形构成。

图1-97

徽州民居——风景变形

09级历史建筑保护工程 090469 杨奕娇

选取徽州民居的一张照片为主题，徽州民居颜色上最显著的特点是黑瓦白墙，形态上是马头墙以及坡屋顶。提取出图片中马头墙层层叠叠的感觉。然后根据瓦黑墙白进行色彩提取，同时强调出马头墙的横向线条感。最后将整个黑白关系打散重组，中间留白部分呈现出层叠感。

图1-98

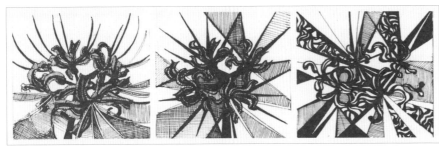

图1-99

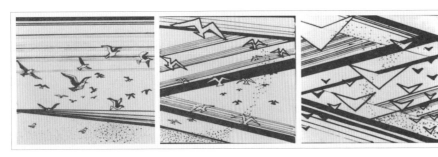

图1-100

图1-101

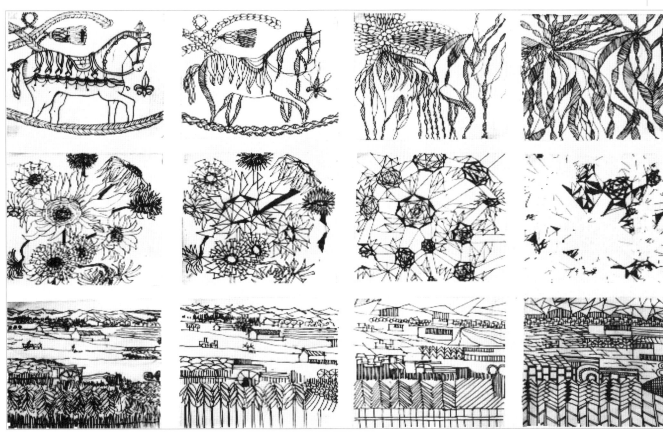

作业一 渐变生成 080341 章倩宁

本作业由三组作品组成，每组作品均由四幅尺寸 10cmX10cm的针管笔画渐变而得。三幅作品主题分别为动物、植物、风景，均从第一张的具象形体渐变为最后的抽象画面。

第一组选取了马这种动物，最终讲马的轮廓和背景渐变为柔和的曲线。

第二组植物选取了梵高的《向日葵》，将绽放的花朵渐变成黑白相间的三角形，而茎叶则渐变成四边形连接花朵。

第三组选取了梵高的《丰收景象》作为渐变素材，将柔和的田园风光渐变成不同层次和形状的几何图像。

图1-102 作者 张倩宁

作业二 高丽纸画 080341 章倩宁　　　　　　　　室内装饰效果　　　　　　　　　　原作品

图1-103 作者张倩宁

本作业使用高丽纸作画，运用高丽纸的特殊性质，正面用水粉留白，背面再刷上墨水，使正反面相互渗透，形成独特的艺术效果。

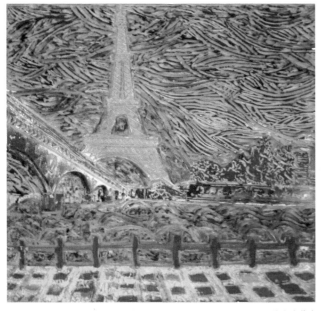

图1-104 作者张倩宁

作业三 浮雕 080341 章倩宁

本作业使用泡沫，运用各种方式腐蚀泡沫或使泡沫融化，在表面形成凹凸纹理，构成图案。经过一些后期处理美化，如使用其他材料在表面拼图或上色、喷漆，使作品具有独特的立体感。

本作品大小为50cm×50cm,选取了巴黎埃菲尔铁塔为创作主题，主要通过电烙铁和后期上色完成作品。其具体内容参考了左侧第一张照片的构图和第二张画的色彩。

原作品

建筑装饰艺术作业四 材料画
080454 历史建筑保护工程 苏萍 指导老师：叶影

我用各种颜色的毛线为原材料，粘贴出了这幅作品，毛线互相拼接出不同的肌理，让画面变得活泼起来，虽然只是一幅平面构成，但也不失立体感，具有很强的室内装饰效果。

图1-105 作者 苏萍

三、具有绘画基本功和熟悉建筑空间与设计基础知识

建筑装饰设计的基础性学科的必备条件是绘画基本功和设计基础，同时要熟悉建筑空间。在建筑装饰设计课程中，绘画基本功很重要，首先要具备一定的审美能力，要学习素描、速写、色彩、学习装饰绘画原理和法则以及设计基础原理和法则。了解建筑空间的功能，这功能是指一切效能，可理解为能产生极其完善的使用效率，在现代建筑中功能的完美是建筑的灵魂。建筑的目的是最大限度地追求不同的功能，这功能奠定建筑环境的产生，如壁画、环境雕塑、现代壁画和环境雕塑重要的目的是建筑装饰，与建筑物及周边环境的协调、融合是关键。还要了解更多地建筑装饰风格和掌握多种信息。

下面还是以几个实例来加以说明。

从传统到如今飞速发展的信息社会，在建筑设计中建筑材料的不断更新，建筑风格的日新月异，迫使在建筑装饰设计上要求更高。因此要从以下几个方面入手，由浅入深，更具体、更广泛地了解和熟悉建筑装饰设计的知识和原理。

我们可以通过学习橱窗装饰设计、建筑物的门面设计、建筑物的内部和外部装饰设计、景观设计等来提升对建筑装饰设计的认识与实施。以下是一组实例，供我们参考。

橱窗的装扮运用红、黄、蓝三原色来体现(图1-107)。

门面装饰突出白色的英文字母(图1-108)。

上海老式里弄石库门房子的建筑装饰风格（图

建筑装饰艺术作业二 高丽纸画 080454 历史建筑保护工程 苏萍 指导老师：叶影

这是一张抽象画，画面上人脸被分解、扭曲、拉长、眼睛、嘴巴、舌头都被凸显出来，感觉十分狰狞恐怖，再加以高丽纸刷墨的肌理处理，画面就显得更加生动了。

图1-106 作者苏萍

图1-109

图1-107

图1-110

图1-108

图1-111

图1-113

图1-112

图1-114

1-109）。

尖角顶与阳台的装饰形成对比(图1-110）。

简单而优雅的橱窗装扮（图1-111）。

故意将墙面搞得残缺而又陈旧（图1-112）。

那妩媚、淡雅的粉紫色充分地透露出女性的时尚气息（图1-113）。

图1-115

图1-116

图1-117

2010世博会中国民营企业馆旁边边的装饰雕塑（图1-114）。

俄罗斯馆的外部装饰效果（图1-115）。

波兰馆的外立面以剪纸形式来装饰（图1-116）。

马来西亚馆具有典型的民族特色与风格，在图案的设计上，颜色的选用，建筑结构与装饰设计上别致、新奇、逼真的感官效果（图1-117）。

德国馆的内部装饰，在色彩上表现与形式上的表现好似在宇宙空间，建筑装饰让空间加大加宽（图1-118）。

非洲馆的内部装饰犹如一幅幅美丽动人的画卷，构成的元素比比皆是，如同我们走进了森林迷了路，鲜艳的色彩与梦幻般的图案让我们陶醉，留连忘返（图1-119）。

英国馆以皇冠作为造型来装饰，显示大英帝国的皇权的地位（图1-120）。

西班牙馆的外表，用最原始的材料，奇特的造型来装饰，突出让生活更美好（图1-121）。

俄罗斯馆，营造冰天雪地的气氛，装饰的图案运用构成的原理（图1-122）。

运用蓝紫颜色装饰突出建筑物的立体造型（图1-123）。

丹麦馆的外部空间装饰运用了弧形的旋转通道交叉婉转延伸，下部的水面上有一个美人鱼的雕像，装饰的特点拉大的时空的深度与广度（图1-124）。

韩国馆，装饰采用丰富的色彩以阶梯的形式来营造空间，外部的立面运用镂空的方法来展现黑白效果（图1-125）。

图1-118

图1-119

图1-122

图1-120

图1-121

图1-123

图1-124

图1-125

第二章 建筑装饰设计的构图特征

第一节 装饰设计表现形式

一、建筑装饰设计形式美法则

1.平衡

世界外物的客观规律都存在着运动形式，有运动就有发展和突破，运动的力和量的平衡是宇宙间的基本秩序，平衡是视觉形态秩序再造最基本要求。相对的稳定、生命和艺术的感染力，形成了建筑装饰设计艺术美的法则。请看下面几种不同的平衡。

稳定、旋转、直立、平衡（图2-1）。站立、横排、轻重缓急、平衡（图2-2）。画面的平衡以少到多的扩散来营造平衡感（图2-3）。画面平衡以的静到动，从具象到抽象（图2-4）。

2.节奏与韵律

建筑装饰艺术有着动与静的运动平衡感，这种运动的现象有其独特的美感。运动中有相对的间隙和停顿，这就产生了节奏。节奏富有流动和变化，如音乐美妙的旋律，有快有慢，有重有轻的疏密、断续、起伏的变化，构成了有规律的美。这一系列的变化能使设计的图案更突出，有新意。在形式美中，与节奏有关联的是韵律。节奏和韵律美的法则体现在建筑装饰设计艺术中，节奏在图案的构图中起着重要的作用，是美感的基础。韵律则使构图设计的各种视觉元素，在空间上更符合审美要求。请看以下二例。

实到虚的韵律美，繁到简的节奏感（图2-5）。

柔美、飘逸的韵律美，奔驰、运动的节奏感（图2-6）。

3.比例与尺寸

为了符合美学的法则，在设计艺术的秩序上要有比例与尺寸，比例尺寸存在于一切自然界的物体中，如人体的比例、树木、山川、房屋、桥梁、车船等，在不同的比例尺寸下，会产生不同的感觉。设计造型的比例与尺寸虽然出于自然，但不限于自然，我们可以通过自己的艺术构思，从装饰的效果加以考虑。如在徽派建筑装饰设计中，门罩、梁祠石刻的人物、动物，植物，都不是按自然的比例塑造的，而是将比例夸大或缩小，以突出表情动态和故事情节，借此来达到装饰艺术的效果。请看下面三例。

自然、条例、比例匀称、尺寸恰当（图2-7）。

造型新颖、诙谐、尺寸比例协调、生趣（图2-8）。

从繁到简，比例尺寸保持稳定和谐的状态（图2-9）。

4.条理与反复

条理与反复存在于客观世界中，是自然界的规律，农田里的麦浪，一望无际。森林里的大树，密密麻麻的树叶，它们都有对生或互生条理化的反复；蜂巢条理化的重复也十分突出。在建筑装饰艺术设计中，将凌乱无秩序的元素归纳为有序的排列，称为条理。将一个元素反复出现在画面上，称为反复。请看下面各例。

起伏不断反复，树枝的条理生成，有次序，有节奏（图2-10）。

图2-1 作者 龚音嘉

图2-2 作者 杨奕娇

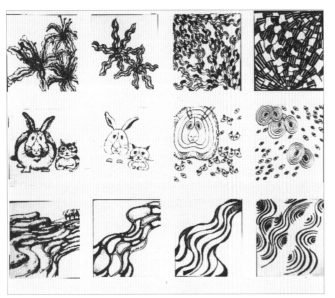

图2-3 作者 蒋若薇

图2-4 作者 梁为霖

图2-5 作者 林玫君

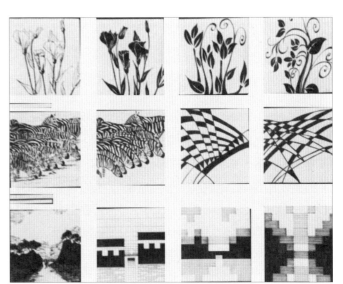

图2-6 作者 周家仪

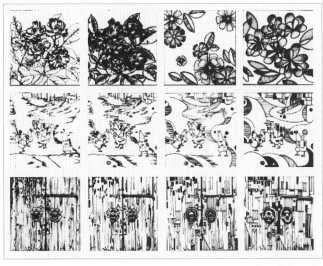

图2-7 作者 吕冲

图2-8 作者 李钰晴

图2-9 作者 魏力曼

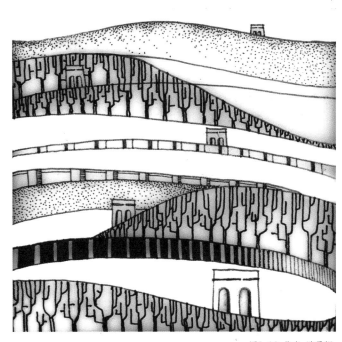

图2-10 作者 陈勇辉

图2-12 作者 陈建辉

图2-11 作者 陈勇辉

图2-13 平衡　作者 李基成　　材料：纸、颜料

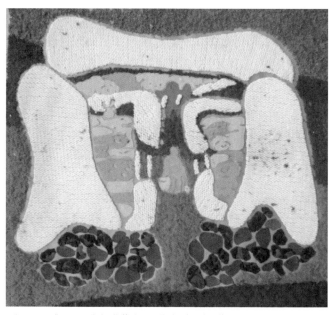

图2-14 平衡　　作者 梅静洁　　材料：布、绒线等

图2-15 节奏与韵律 作者 凌颖、程智斌、奚凤新　材料：五谷杂粮

图2-16 比例与尺寸　作者 金诚谦　　材料：纸、颜料

图2-17 条理与反复　　作者 姚敏鸣　　材料：纸、颜料

图2-18 节奏与韵律　　作者 苏萍　　材料：绒线、颜料

图2-19 条理与反复 作者 李恒 材料：纸、颜料

图2-20 条理与反复 作者 王岱琳 材料：纸、颜料

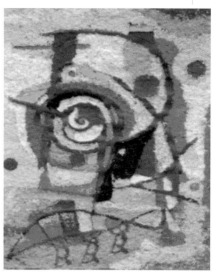

图2-21 比例与尺寸 作者 无名 材料：绒线 拼贴

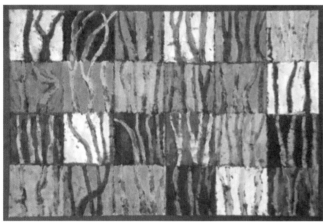

图2-22 比例与尺寸，条理与反复 作者 姚霁 材料：纸、颜料

图2-23 平衡、条理与反复、节奏与韵律、比例与尺寸

图2-24 平衡、条理与反复、节奏与韵律、比例与尺寸 作者 丁鹏宇

图2-25 平衡、条理与反复、节奏与韵律、比例与尺寸 作者 高克凡、余国璞

图2-26 平衡、条理与反复、节奏与韵律、比例与尺寸 作者 郭玥、李雪、黄窈逑

图2-27 平衡、条理与反复、节奏与韵律、比例与尺寸 作者 薛思雯

图2-28

图2-29

图2-30

图2-31

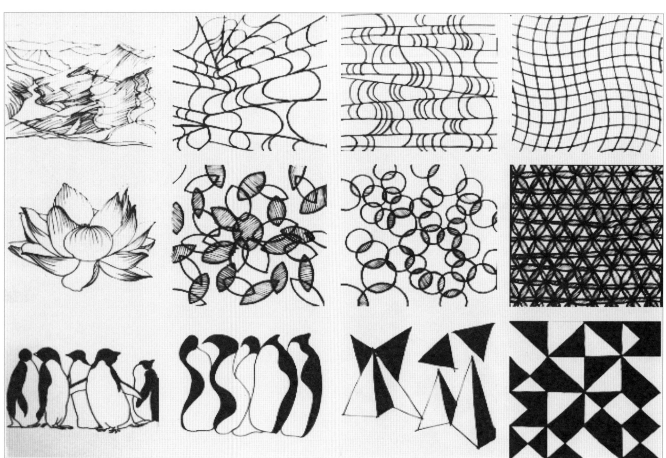

图2-33 夸张的图案

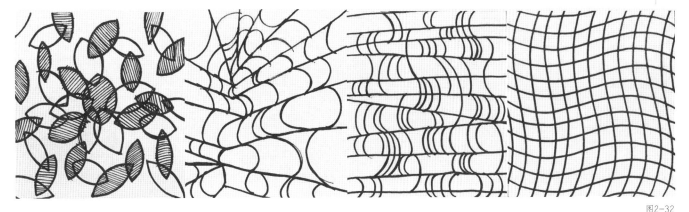

图2-32

图2-34

树枝有条理，上下反复有序，门洞有条理地反复出现，情景生动（图2-11）。

变幻莫测的造型有条理、有持续、有次序、有反复、有创意（图2-12）。

二、建筑装饰设计的构成方法

在建筑装饰艺术设计中，构成方法也即变形方法。构成要求不受设计内容的约束，不受客观自然形的限制，反对模式，它是一种思维创造活动。变形设计的装饰化可以动物、人物、植物、矿物等自然形态作为探索、研究的对象。在反映自然形态上要注重理解其规律性。自然形态在艺术造型美的多样性与审美的复杂性，在装饰设计中仍起着不可忽视的作用。在应用时对自然形态造型，要采

用变形原理来适应装饰设计对象，要运用省略概况、夸张、透视变异、增加联想、打散重构等不同的造型方法。

1.省略概括

省略概括就是精简提炼，将复杂琐碎的形态运用简洁明了、概括的形态，抓住事物的本质特征和趣味性。其目的要用朴实的艺术语言使形象刻画得更生动、典型，更好地突出主题。例如：在画人物时，我们只注意人物的外表凌乱的衣纹，而忽视其本身的形体结构。又如：在画花卉、树木时，其凌乱而复杂的叶脉以及纹理，更让人们忽视对其外部形体结构与其内部结构的严谨性，强调生长规律，强调特征典型性。要抓住事物本质性，省略琐碎细节，要注重物体的外部形态特征的整体性，将内部的结

构纹理进行提炼保留其主要部分（图2-28～图2-31）。

2.夸张

在建筑装饰设计的艺术造型中，夸张也是必不可少的表现形式。在省略概括形体的同时，运用夸张的表现手法将经过提炼的形态的典型特征进行放大和渲染，突出自然形态的最本质、最完整部分，运用设计，在比例、色彩、肌理、动态、静态诸方面进行强化、夸张，以符合美的法则：完整、秩序、典型、有规律、对比、协调中进行，不协调的夸张，会破坏装饰的美感（图2-32、图2-33）。

3.透视变异

在建筑装饰设计中，人们已经不把视线、焦点、透视作为观察事物的方法。放弃固定的角度描绘对象，运

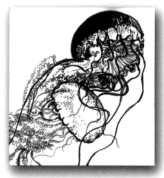
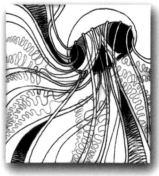

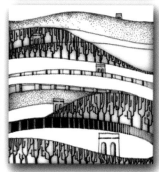

图2-35　作者　陈勇辉

用错觉体现对象形体的完美性，图形的错觉增加了视觉的刺激感、情趣，可吸引人的注意力（图2-34）。

4.添加联想

自然界的客观形态给设计的装饰化提供了无限的内容，社会的发展和变化以及人的生活实践，也使追求现代美和新的设计思想产生，装饰的概念、装饰的功能提高到一个新的境界，运用添加想象的表现手段，使设计的装饰语言鲜明、更具有社会意识和时代感（图2-35）。

5.打散重构

打散重构是一种分解合成的方法。先要从认识事物开始，对表面进行观察之后，用分解的方法了解其结构，了解事物内在的美，了解局部变化对形态的影响。对客观自然的形态进行分解、打散，可以运用其元素，将自然形态转变成抽象的形态，转变成了新的视觉形象。请看以下各例。

蜘蛛变成了美妙的流线图形（图2-36）。

捕蝇草变成了木勺子（图2-37）。

印尼传统的建筑变成了美丽的网（图2-38）。

人脸变成了飞鸟、鲜花变成了美女、老虎变成了飞翼、建筑物变成了国际象棋（图2-39）。

蒲公英变成美妙的烟花，展翅的蝴蝶变成了花卉图案，徽派建筑变成积木（图2-40）。

雏菊变成有趣的图形，奔驰的斑马变成了流动的水（图2-41）。

公鸡变成了三角形，蒲公英变成了旋转的花伞，兰花变成了耀眼的台阶

建筑物变成了朝阳格子布纹（图2-42）。

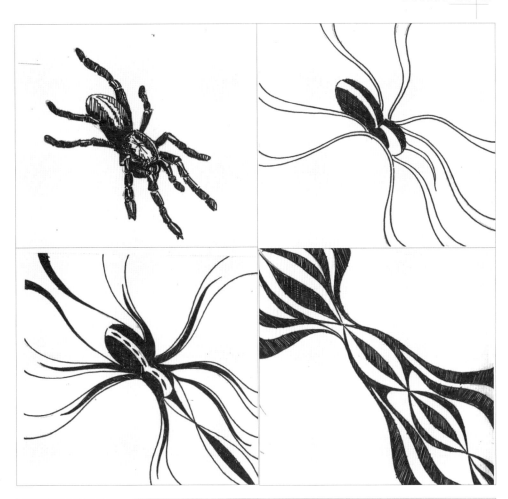

图2-36　　作者　伍建齐

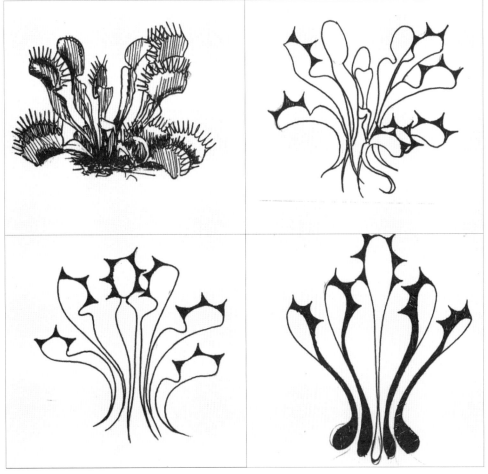

图2-37　　作者　伍建齐

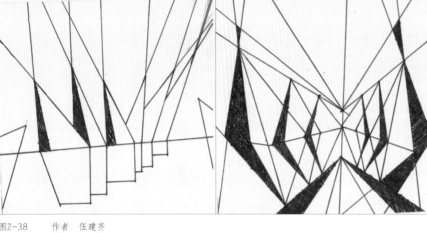

图2-38   作者　伍建齐

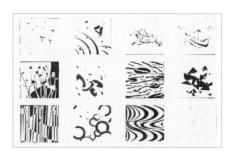

图2-41   作者　龚喆

图2-42   作者　马天冬

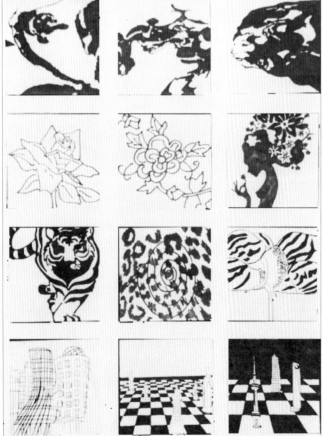

图2-39   作者　洪义振

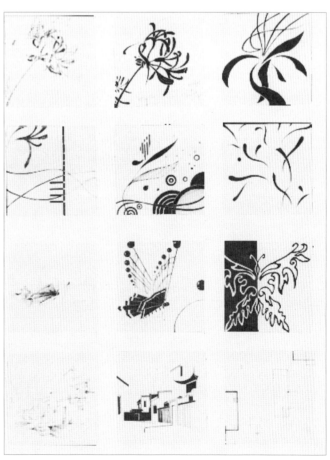

图2-40   作者　陈晔

第三章 建筑装饰设计色彩

第一节 色彩概述

色彩是人们对一切事物的知觉、感应。从人类起源开始，我们的祖先就把感知的色彩描绘在摩崖洞穴里、土陶上。随着社会的发展，科学的进步，科学的原理与艺术形式美相结合。人们运用色彩的基本原理，发挥人的主观能动性和抽象思维，利用色彩在空间中变幻的多样性、层次性，对色彩的元素进行多角度的组合、配置，来制作理想的、优美的色彩感觉。

第二节 色彩的原理

三原色是目前常用解释，是以生理学与物理学的原理来定的。三原色是指红、黄、蓝，三原色中的任何两种颜色相混合所得到的颜色称间色，两种间色相混合得到的色称复色。

第三节 色彩的属性

一、色彩的三要素

1.色相

色相是指色彩的相貌和主要品相，如红、黄、蓝，不同的颜色有不同的色彩。一个装饰设计，主要的色彩倾向是色相起着调性的作用。

2.纯度

纯度，也称艳度或彩度。是指色彩的鲜艳和混浊的程度。三原色的纯度最高，间色的纯度相对较弱，复色的纯度更弱。

3.明度

明度，指色彩的明暗程度和深浅程度。例如在大红中分别加入黑色与白色，得到深红色和粉红色。深红色明度底，粉红色明度高。

下面以学生作业（高丽纸彩墨装饰设计）来阐述。

画面表现色彩的明度变化，通过水母往上升起的动感，两只水母在很深的海里往有光线的地方飘。想达到

一种从黑暗的地方到明亮的地方（图3-1）。

以梵高的画为范本，不同的材料表现其色彩的色相、纯度、明度降低了（图3-2、图3-3）。

第四节 色彩心理与色彩之间关系

色彩三要素是构成色彩对比的重要因素，三种属性相互依存与制约。色彩对比的视觉效应与色彩的冲击力，在人们的心理上和视觉上都能获得强力的感受。在现实生活中，任何一种色彩的存在都不是独一无二的，在它的周围有其他色彩与之相搭配，在色彩世界里我们总能找到色彩的美感、和谐和对比。而这一切取决于色相、明度、纯度、冷暖、面积的对比。下面以学生作业壁画装饰设计为例加以说明。

柔和、淡雅、温馨的色彩所产生的心理感觉（图3-7）。

红与绿、橙与蓝、黄与紫的强烈互补色彩所产生的心理感觉（图3-8）。

图3-1　作者　陈勇辉

图3-2　作者　梵高

图3-3　作者　杨奕

步骤图一　图3-4

步骤图二　图3-5

步骤图三　图3-6

图3-7　作者　郑欣

图3-9　作者　无名

图3-8　作者　陆娴颖

图3-10　作者　朱正方

图3-11　作者　赵晓世

图3-12　作者　孙若雯、韩佩青、王世丞

图3-13　作者　罗益德

柠檬黄色鱼与淡紫色的鱼所形成海底世界的空间感（图3-9）。

雅致、透亮的淡黄色与粉红色以及黑白对比，营造出这幅画的视觉效果，在人们心理上感觉上产生一种恋情别样的感情（图3-10）。

明亮、耀眼、通透的色彩将画打造的如此新颖以达到人们的心理感受（图3-11）。

通过拼贴的表现形式以达到人们在色彩的色相、纯度、明度上的提高，来改变另一种表达的方法（图3-12）。

清澄的白衣少女在粉红的美景与美梦中行走，背景以黑色渲染透出梦境深越的心理感觉（图3-13）。

第五节　色彩在建筑装饰设计中的地位

色彩在建筑装饰设计中的地位是极其重要的，因为我们生活在一个充满色彩的世界里，人的视觉无时无刻地与色彩发生感应，它刺激着我们的大脑而产生情绪和心理上的微妙变化。我们利用人的这种视觉心理，设计和制造了许多合理的、和谐的、美妙的、人工色彩环境与自然色彩相联系的建筑装饰艺术。

人们对色彩的视觉感受是因人而异的，与社会环境、文化背景、生活经历、性格脾气、个人修养有着密切的关系。每个人带着自己对色彩的理

图3-14

图3-17

图3-18

图3-19

图3-20

图3-15

图3-16

图3-22

图3-21

图3-23

图3-24

图3-25

解和感受，在某种程度上限制了在色彩范围里从深度、广度与力度上的深入理解。甚至我们可以认为对色彩的认识是无限的。例如色彩与情绪的对应感觉，喜悦、愤怒、悲哀、欢乐所表达色彩的感觉都有所不同。与愉快相对应的多用高明度的色彩，纯度比较适中。与悲哀与忧伤相对应的大多以低纯度、低明度的灰暗色彩为主。色彩有强烈的空间感，可以从色彩的冷暖对比得到体现，暖色在视觉上是前进的、膨胀的，冷色、冷灰色在视觉感受上是后退的、收缩的，两者搭配产生画面向空间延伸的错觉。下面举出一些实例加以说明。

接待大厅摆设着各种意大利玻璃花瓶，五彩缤纷的色彩给大厅增添了一个亮点（图3-14）。

墙面的几种石材色彩与橙色的沙发和接待台，包括整个空间的环境既协调又统一，蓝色与灰蓝的色彩让空间显得更大（图3-15）。

过道的墙面色彩与地面的色彩呈现出水晶般的光彩（图3-16）。

紫红色的沙发使接待厅的空间显得宽大而又深远（图3-17）。

办公室的隔壁档板用黄色与绿色的条子作为装饰，配上深色的地面与桌子、座椅，给办公室的空间增加了活跃的气氛（图3-18）。

红墙与绿色的门加上传统花样，室内的装饰更加具有民族风格（图3-19）。

卫生间的蓝色与紫色与乳白色在冷光的背景反射中朦胧与私密（图3-20）。

各种强烈的原色与补色装饰着这个空间，亮丽、醒目、大胆的装饰风格别具一格（图3-21）。

阳光透过大厅的玻璃直射在室内的空间中，色调典雅、柔和明暗对比构成出一道绚丽的图案（图3-22）。

墙面的以点状的马赛克与银色水龙头和水盆遥相呼应，塑造出一种精致、稳重的气氛（图3-23）。

黑色与橙色，暗与亮的对比（图3-24）。

甜蜜的粉色与玫瑰红色好似花样年华的时代（图3-25）。

第四章 建筑装饰设计素材收集

第一节 素材的采集

一幅建筑装饰设计作品的好坏，取决于素材和资料的收集，收集素材的过程充满着艰辛和复杂。从现实生活中，我们可以通过对客观事物的表象的细致入微观察和对其本质的深入理解，抓住各种事物的特点，从中得到启发，把客观形象变成主观创意的设计素材。

1.素材的收集

素材的收集可以通过各种渠道获得，最普遍的是写生。写生的第一步要对写生的对象进行分析和梳理，不能依葫芦画瓢，看啥画啥。要对表现的对象有一定的认识，做到心中有数。有时可以刻画细节，画龙点睛；有时可以三笔两笔带过，记录大致的形态。写生大致可分为感受性写生与创意性写生。

雪中，麻雀站立枝头，欲振翅起飞（图4-3）。

线条体现出其动态的趋势和力量。并且枝头以及翅膀部分强化图案肌理，形成画面疏密感。将雪的元素抽象成圆，并且与折线元素形成交互，为下一步变形埋下伏笔（图4-4）。

总结整幅画面的精神。鸟身，起飞时的翅膀和起飞后翅膀的运动趋势，树枝，飘雪都是画面中的元素。这幅变形其实将时间往后推，想要体现出麻雀飞起后的抽象状态。把原来的折线部分与圆的部分交换，占据画面视觉中心的三个圈和背后张扬的线条分别象征着鸟儿的不同状态，体现明显的方向感和力量感，使画面能够形成动态感（图4-5）。

2.感受性写生

感受性写生是通过视觉感受客观地表现对象，作者可以将写生当时的感受直接表达出来。如对自然界奇花异草、自然景色的描绘更生动、丰富，显得多姿多彩、奇幻无比、美如仙境。而这种感受是带着自己的强烈情感和艺术表现力，用感性思想表达出的一种精神。

3.创意性写生

创意性写生带有主观意识、含有想象的成分，将客观形象经过个人的独特、新颖、妙趣横生的构思，带有夸张、幻想、超现实的含义。我们可以通过对客观事物写生与想象的形象结合起来构成不同的效果。

课题名称：图案设计 采集—写生—变形

课题内容：

1.植物花卉的采集——变形设计

2.动物的采集——变形设计

3.风景的采集——变形设计

课题时间：12课时

教学方法：

1.通过对花卉写生了解和掌握其本质的东西，内部的结构，植物花卉的生长规律，从写实到写意再到变形抽象的设计过程。

2.通过对动物的写生了解和掌握其身体的特征、骨骼、运动的姿势等规律，从写生到写意再到变形抽象的

图4-1 作者 高楠

图4-3 作者 卢倩华

图4-4 作者 卢倩华

图4-5 作者 卢倩华

图4-2 作者 高楠

图4-6 作者 卢倩华

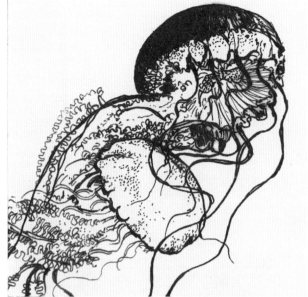

图4-7 作者 陈勇辉

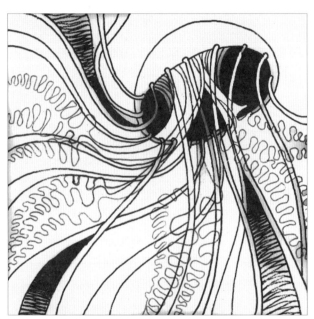

图4-8 作者 陈勇辉

图4-9 作者 陈勇辉

图4-10 作者 杨奕

设计过程。

3.通过对风景如树木、建筑物等其他景色写生，了解和掌握它们的特质与规律，从写生、写意、变形、抽象的设计过程。

教学要求：

1.学生根据上面的教学要求和提示展开设计。

2.设计图案尺寸（10cm×10cm）×4幅，每一张作业要有4个作画步骤。

3.三个作业裱在一张卡纸上每个图片间隔2公分。

训练目的：在新的领域中开拓学生的思维方式与想象力，了解和掌握建筑装饰设计的形式法则和原理以为构成装饰设计的基本规律，生活给予设计创作的灵感，但是一切的设计的灵感来自对自然界事物的启发。对自然界事物的深入了解，通过写生的感知、认知理解到夸张、抽象的表现，要提炼到认识的飞跃。

作业要求：作业要有创意、表现力、感染力。

第二节 建筑装饰设计的构思

一、表现构思的意向

在建筑装饰设计中构想与构思的意向属视觉形象中的表现成分，有的是对主观精神的视觉信息传达，有的与客观的对象的外表特征的差距很远，视觉形象的客观特征越趋向于主观性，抽象性，表现的成分就越浓。

构想与构思意向、再现与表现是视觉艺术中不可分割的两部分。

我们的创作思维首先是意识，意识是创作冲动的基础，创作过程有一个从模糊意识到清晰的意识过程。对于作品中具体的题材、构图、造型、结构、材质、色彩等，一切的细节都要细细地推敲，整个设计的过程，作者的创作思维贯穿始终。题材的选择和主题的表达是创作的关键。下面以实例说明从写实、写意到抽象的创作过程。

花朵属性柔，花蕊更是呈现垂落娇柔的状态。第一步变形抽象概括出花瓣和花蕊。想用有机的曲线抽象出花蕊的感觉。与上一幅作品相同，用折线曲线两种元素，同时用黑白关系概括出花朵筋脉的纹

图4-11 作者 卢倩华

图4-12 作者 卢倩华

图4-14 作者 陈勇辉

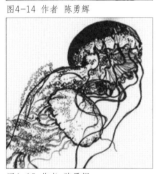
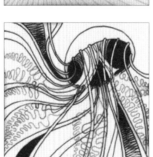
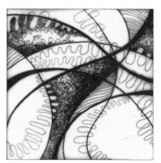

图4-15 作者 陈勇辉

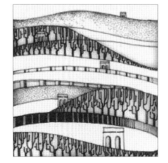

图4-16 作者 陈勇辉

图4-13 作者 卢倩华

路，给人以饱满的感觉。第一次变形，两种元素先脱离，待第二次实现融合（图4-11）。

提取元素：河流，彩虹，山川。原始画面较为松散，选择框景将画面整合。原画立体，水平、垂直、纵深方向都有饱满的实体支撑。选择把三位一体的方向表现出来，平面元素山脉，具纵深感的元素河流，同时也有水平方向静止的河水，再用曲线框起画幅，使整个画面立体起来，近处的彩虹连接起

流水，流向远方，与天际线形成一体，又回到彩虹形成交集，仿佛是"三维的平面"（图4-12）。

这一序列画是由珊瑚变形出来的，珊瑚是一叠一叠的感觉，而且它们都连在一起成为一个整体。珊瑚看起来很软，其实很硬，作者把珊瑚一层一层的感觉加强了，最后获得最右边的那幅图，线条连续，又能看到互相叠加的效果（图4-13、图4-14）。

作者选择画水母的原因，是认

为它们是最美的海底动物，它们的动作很优美，也被称为海底舞蹈者。画中表达很有动感的线条，不同厚度，线条粗细，然后得到不同的图案（图4-15）。

长城有是中国最有地标性的一个历史古迹，虽然长城有厚重感，但是跟周围山区比起来它就是一条细线。所以作者把长城跟它所在的地方环境一起变形。最后得出来最右边的那副画有面、线和点三种（图4-16）。

图4-17 作者 陈勇辉

图4-18 作者 陈勇辉

图4-19 作者 陈勇辉

图4-20 作者 陈勇辉

图4-21 作者 陈勇辉

图4-22 作者 陈勇辉

图4-23 作者 陈勇辉　　　　　　　　　　　　　　　　　　　　图4-24 作者 陈勇辉

图4-25 作者 簿尧

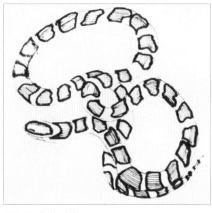

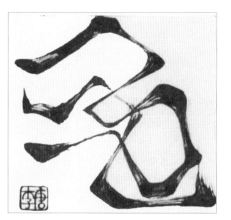

图4-26 作者 李唐

建筑装饰作业—动物 历史建筑保护 李唐（080460）

变化的原型是蛇。既然蛇身上的花纹是为了隐藏自己而存在的，作者就用整幅的花纹将蛇隐藏在图中，这样产生了第二幅图。既然构成与书法都可以看成是黑白的游戏，那么也可以将第二幅构成转化为书法的形式，这样产生了第三幅图。三幅图以延续的蛇的形状来保持相互的联系（图4-26）。

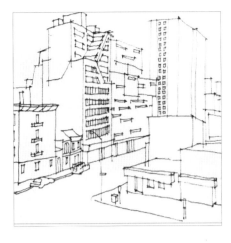  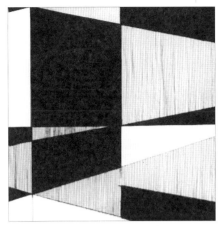

图4-27 作者 李唐

图4-28 作者 李唐

 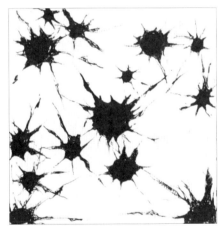 

图4-29 作者 李唐

建筑装饰作业—建筑
历史建筑保护 李唐（080460）
变化的原型是街角的建筑群。第二幅图抽取了原图建筑形成了起伏的天际线和多角度的透视，并用线的疏密进行了选择性的表述。线的疏密也可以看作是面的黑白关系，对第二幅图的线性关系的进一步抽取，并将其转化为面，于是形成了第三幅图，而第三幅图同样可以看出是对角度透视的暗示(图4-27)。

建筑装饰作业—植物一
历史建筑保护 李唐（080460）
变化的原型是反复的绣球花。选择采用形式提取的做法，提取出原图中的圆形与三角形置于相应的位置，并采用透叠的手法，反映形式的相互叠加关系，这样就形成了第二幅作品。对第二幅作品进行视图上的缩放，手法不变，从形式感的角度来安排圆形与三角形，形成了第三幅图，实际上是对绣花球繁复感知的回归(图4-28)。

建筑装饰作业—植物二
历史建筑保护 李唐（080460）
变化的原型是路边小野花。作者发现了原型多中心发散的形式，并产生了墨迹的联想，于是用大小形式相近的墨迹在原图位置上代替了小野花，这样诞生了第二幅图。针对第二幅图，作者进一步产生了神经元的联想，于是将"神经元"延伸成神经网络，形成了第三幅图(图4-29)。

建筑装饰艺术作业—写生与改画
历史建筑保护工程 080458 陈佳

此系列对栀子花进行抽象的面线处理，再对其进一步抽象。

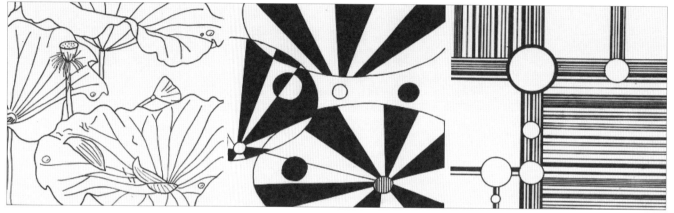

对富有意境的荷花分别概括成面、线，转化成不同的意境。

对蜻蜓进行概括，然后用抽象的装饰性语言对其进一步概括。

图4-30 作者 陈佳

对建筑做黑白处理，以此产生装饰效果，然后以变化的线条抽象表现建筑的流动感。

图4-31

建筑装饰作业—高丽纸绘画
历史建筑保护 李唐（080460）
这是一幅在高丽纸上完成的绘画，描绘了颐和园游廊上的建筑装饰。作品着重描绘了游廊上的装饰细部，突出皇家园林明丽的颜色和纤巧的雕饰与纹样，并以渗出的墨色暗示了年代的久远。既可以选择利用明艳的色调与同样气质的设计相配合，也可以选择利用纤巧的装饰反衬现代居室空间的简洁。岁月的凝重，典雅的气质，都可以为空间增加文化的底蕴。

图4-32

图4-33 作者 李唐

建筑装饰作业—材料拼贴

历史建筑保护 李唐(080460)

这是一幅图钉拼贴成的装饰画,构成的是斑马的形象。

作品只用了黑白灰三种颜色,轻松明快,形式简洁,气质优雅,态度温和,给人干净、舒适的感觉。

简单的无彩色,可以很好地配合任何其他颜色,形式上也与现代主义的室内设计相配合,放在居室、卫生间,或者其他简洁的空间都是不错的选择(图4-33)。

图4-34 作者 李唐

建筑装饰作业—泡沫壁画

历史建筑保护 李唐（080460）

这是一幅泡沫版的雕刻作品，有种浮雕的感觉，轻松刻画了两张凝丽却个性十足的脸孔。

作品的人物形象来自非洲艺术，黑色的底与保留的刻痕让作品看起来像是来自远古文明的艺术品，在重点表达的部分涂以跳跃的色彩，增加了作品的凝丽与神秘，让人自然产生敬畏的心理的同时引发对远古文化的遐想。

这幅作品，既可以增加空间的神秘感，反映其空间品位，也可以作为简洁室内设计的对比而存在。

图4-35 作者 李唐

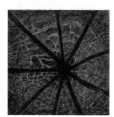

图4-36 作者 裘快

创作说明：第一组原始素材为树叶。第一张抽象图引入10×10的直角网格，再用十字交叉破格，是为了说明叶脉的组合穿插将叶面分级，主叶脉和次叶脉分属两种生长逻辑。第二张抽象图将这两种生长逻辑进一步加以区分，使用的手法是将10×10直角网格用轴线垂直交叉的三角函数曲线迭代，相同定义的曲线将平面分成了不同的区域，用深色加以标记，探讨了植物涌现出来的复杂图样背后的简单逻辑。第三张抽象图片，则进一步引入了素材中的中心性，对树叶的形式逻辑做进一步探讨。

第二组原始素材是鹰。第一张抽象图采用素描关系对素材加以简化，突出鹰作为一种猛禽的锐利。第二张抽象图将块面用三角形拼贴，希望用三角形的多锐角的特性加强这种尖利的感觉。第三张则将这种形式语言简化，形成了更纯粹表达的图面。

第三组原始素材是雪地中的枯树，在表现原始素材中的雪地时借鉴了梵高素描中的笔触。第一张抽象图建立在9行等距控制线上，逢线分权，用达·芬奇公式 $a^2+b^2+c^2\cdots=r^2$ 作为生成逻辑进行参照生成。第二张抽象图则讨论了9线网格下达·芬奇公式的二叉树的生成。第三张抽象图则在手绘路径上，根据达·芬奇公式生成图案。

二、题材的选择和主题的表达

在表现构思的意向过程中，客观事物给我们提供了许多丰富多彩的内容，在生活和实践的过程中，素材的积累往往包含了我们的思想情感和意向，我们将其中最根本的思想提升为创作的主题。

建筑装饰设计由于它的媒介是建筑物，包括建筑物的内外部分，建筑不是单纯满足使用需求，在满足使用功能基础上注重追求建筑空间传达给我们的精神体验。在题材的主题选择上要符合它本身的功能与艺术价值，例如山西的王家大院、佛教石窟、埃及法老神殿等等。

在题材的选择上要突出主题，主题是表现装饰内容，具有一定的思想内涵，要考虑到环境风格、文化水准、在人们心里所产生的影响。主题的多种多样性可以通过我们的现实生活的体验，如历史性的主题，包括纪念性的历史人物与事件；宣传性的主题，包括公益性与商业宣传效应；标志性的主题，标识设计引导人们活动；启示性的主题，包括故事、神话、传说等在生活中有一定教益的主题；具有装饰性的主题，以文化思想、艺术形象展现在特点的空间来点缀美化环境，起到呼应和改善空间的效果。

制作说明：

此作品探究了树形图案的生成逻辑和泡沫雕刻结合的表达潜能。树形图案根据达·芬奇公式和手绘向心路径生成。在塑料上烫出来的图案具有丝状的疤痕，有一种枯槁痛苦的感觉，制作过程特异用树形图案强调这种感觉。配合孤独的小人，形成绝望的氛围（图4-37）。

图4-39 作者 裘快

图4-38 作者 裘快

图4-37 作者 裘快

图4-40 作者 裘快

展示环境设定为安藤忠雄设计的小筱住宅，清水混凝土的素色墙面、孤影、空着的沙发，与这雕刻能够共同营造氛围（图4-38）。

本作品试图探究图案的涌现和高丽纸画的材料和制作特点。

根据手绘路径，依照达·芬奇公式$a^2+b^2+c^2\cdots=r^2$和控制式$r=kl$，生成了形态各异的树状图案，组合形成系列。

因其造型较怪异，且制作时间恰逢万圣节，因此采取了嘻哈的恐怖风格。

根据高丽纸的画，先画后墨的制作特点，选择了水粉颜料中湖蓝和普鲁士蓝。

湖蓝是有机颜料，含粉较少，透墨较多，而普蓝是配合物颜料，含粉较多，透墨较少。在两种颜料组合中形成重新组合的三种灰度的蓝色，依次为湖蓝普蓝混合，普蓝，湖蓝。

创作时以较浅的湖蓝普蓝混合颜料作为图底，用普蓝较"硬"地过渡（过渡来自手绘和颜料本身的深色）到黑色天空，用湖蓝较"软"地过渡（来自墨色对湖蓝颜料的渗透）到图案和大地（图4-39、图4-40）。

1.菊花

提取菊花的花瓣，随机组合很像翻滚的海浪，再细化提取花瓣的弧线，艳丽缤纷。

2.枝叶

提取生长的态势，向上，繁复，但是万变不离根系，再深化提取枝干为直线，分支树叶为曲线和同心图案。

3.兰花

提取兰花的叶子上平行线的经脉，有粗有细，而兰花则像曲线和点派生在两侧。

4.狗

卷毛乖巧的柯卡狗，提取了流线型的轮廓线，进而组合这些曲线，并赋予近似的颜色，表达狗站立讨巧时灵动的眼神和敏捷的动作。

5.田间小路

提取落日、山脉和灌木、草地被一条小路拦截、打破的画面效果，后一张是打碎后各个块面的区分表达（图4-41）。

制作以埃及图腾为题材的壁画，通过高丽纸达到特殊的墨汁晕染做旧效果，并镶以金边装饰，放在仿古风格的室内中，与褐色的曲线家具、植物图样的铁艺装饰相得益彰，透露出原始、古朴、自然的韵味。也使得整个室内氛围更具文化感（图4-43）。

图4-44为以剪纸作为表现形式，题材选用青少年喜欢的卡通、漫画等方面的内容。

图4-45是以芭蕾为题材的剪纸画，安排在书房中做装饰，动静结合趣味而又生动，配上室内的家具与陈设的布置，以不锈钢为材质的椅子和灯具给居室空间环境增添了别样的光彩。

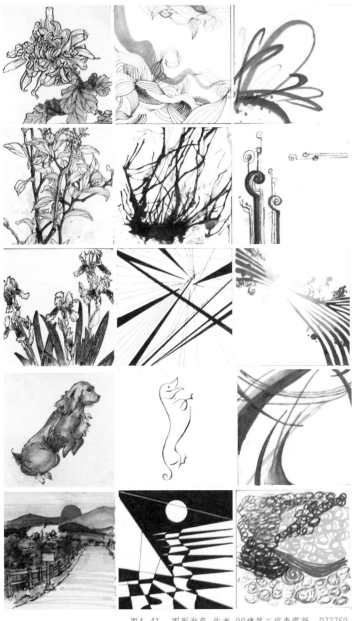

图4-41 图形渐变 作者 08建筑二班李雪凝 072769

图4-42 作者 魏力曼

图4-43 作者 魏力曼

图4-44 作者 陈昕

图4-46 作者 陈宇龙

图4-45 作者

图4-47 作者 陈宇龙

图4-48 作者 吴海通

图4-46以中国传统图腾为题材的剪纸画与室内的藤制家具相呼应，突出了自然的田园风格的家居装饰和剪纸壁画朴实的艺术性，同时使居室空间的视觉效果有很多亮点。

图4-47以剪纸艺术作品作为居室空间的墙面壁画，此类装饰在当今越来越受人们的青睐。作为非物质文化遗产的中国剪纸艺术在现代化进程中，再现独特的魅力，其特有的表现语言包括它的生动形象和气质给我们留下了深刻的影响。

龙是中华民族的象征，以龙为题材的窗花是最受老百姓欢迎的。龙的形象活跃、喜庆、腾飞有动感，在右面配上花兔子，两者相互动，充满着喜气洋洋的气氛（图4-48）。

墙面的壁画是以剪纸为表现形式，题材是蝙蝠。蝙蝠是中华民族的吉祥图案，寓意福。一幅画的题材是福在眼前，另一幅的题材是福到。四个蝙蝠形象生动美丽，造型独特，带有喜气的福给卧室空间增加了感染力与运气（图4-49）。

这是一组较典型的中国北方地区的建筑居室空间设计风格，在炕上墙面上的以荷花题材为主的剪纸墙画装饰，镂空透亮的光感效果，使这些娇艳、清丽的荷花与居室空间的装饰融合在一起（图4-50）。

具有现代简约风格的居室空间设计，组合柜是由书柜和电脑桌构成，配上非常简单的椅子。墙上一幅以树枝与可爱的猫头鹰为形象的壁画，顿时成为这一角的空间增加了活泼、俏皮、轻松的视觉感觉（图4-51）。

在同一居室的空间中，单调的沙发之上的墙壁配有三幅画、具有时代人文气息的剪纸组画，使我们感到室内的空间有了深厚的文化底蕴与内涵，在陶冶了艺术情操的同时，给我们一种松弛、安宁的环境空间（图4-52）。

书橱是居室空间的一个部分，一般很少有设计师在书橱的门上花心思。如何让书柜能与居室环境相融合？在书橱的门上配上一幅有着丰富题材的剪纸，剪纸的色彩温馨典雅，花卉与鸟的造型构成了长方形的图案，与柜中的陈设相衬托别有一番情趣（图4-53）。

金色的剪纸与大红的墙面相对比，争奇斗艳，更添活力（图4-54）。

这幅剪纸表现嫦娥抱着玉兔，在清冷的月宫孤寂的情景。人物置于重重树影之前，更凸显其孤寂。简约而平整的家具设计，突出了剪纸的精细玄妙，玻璃幕墙后面一片绿色葱葱的景色，这一瞬间正是两个内外空间的交融，为原本宁静的家具空间增添生气（图4-55）。

这是典型的中国古建筑中的木制花窗，窗户下是一张八仙桌和君子兰。一幅题材为"对猴团花"的剪纸画，据说"对猴团花"的剪纸画，产生于中国南北朝时，可能是中国最早发现的剪纸画。这幅剪纸将这居室空间的环境打造得更具有传统特色（图4-56）。

新人在布置新房的时候，如果居室显得空旷、宽大，可以将这一幅团花红双喜的婚庆剪纸陈列在墙上，以渲染新婚的美好、幸福、安康，团团圆圆（图4-57）。

这间以玻璃窗户为主体的居室空间里，以蝙蝠作为窗花，寓意福到人家；另一幅凤凰展翅高飞的窗花剪

图4-50 作者 盛李娜

图4-49 作者 何思敏

图4-53 作者 盛李娜

图4-51 作者 盛李娜

图4-52 作者 盛李娜

图4-54 作者 章丽娜

图4-55 作者 章丽娜

图4-56 作者 盛李娜

图4-57 作者 盛李娜

图4-58 作者 盛李娜

图4-62 作者 吕倩

图4-63 作者 吕倩

图4-64 作者 吕倩

以橙色为主的剪纸在书房清新而雅致的氛围中显得别致，很有看点（图4-59）。

世博剪纸画贴在现代化的房间里面，更加有现代信息，生动活泼有意义（图4-60）。

红房子，红喜字，充满喜气，真可谓人逢喜事精神爽（图4-61）。

加上黄砖，亮堂的窗户，贴上剪纸，很有范儿（图4-62）。

古老的房子，木头窗，加上白色的窗纸，贴上红红的剪纸，呈现了剪纸的原始风味（图4-63）。

透过贴了剪纸的玻璃，看到外面的草地，给心情加点快乐的味道（图4-64）。

纸，在阳光的照射下翩翩起舞，居室环境格外绚丽（图4-58）。

图4-59 作者 盛李娜

图4-61 作者 吕倩

图4-60 作者 吕倩

图4-65 作者 室内装饰艺术作品成果表现 08 建筑2 班 李雪凝 072769

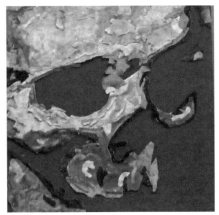

图4-66 作者 室内装饰艺术作品成果表现 08 建筑
2 班 李雪凝 072769

图4-67 作者 室内装饰艺术作品成果表现 08 建筑
2 班 李雪凝 072769

图4-68 作者 室内装饰艺术作品成果表现 08 建筑
2 班 李雪凝 072769

三、技法运用

在建筑装饰设计中技法的运用呈现多种多样的创作风格和样式。如壁画创作，它的表现风格丰富多彩，原因之一是材料与技法的多样性。有干壁画、湿壁画、蛋彩画、油画、丙烯画等。还有各种材料的壁画，如镶嵌壁画、壁雕、壁刻、陶瓷壁画等。而剪纸艺术，从古到今，也与建筑和环境设计有着密切的联系。雕塑也是如此，在城市建筑、空间环境艺术领域里扮演着重要的角色。

图4-65点评：

这份作业作为在品牌服装店墙面上的壁画装饰，成为商业空间的一部分。商业空间由人、物、空间三者共同构成，消费者在购物时感受环境带来的精神享受和信息交流。在这个过程中，商品本身与空间环境起诱导作用，令消费者产生消费的欲望。这个品牌是推销青年人的服饰，目前运用骷髅题材的促销商业广告来迎合年轻人胃口越来越普遍。

图4-66 设计说明：

软材料拼贴：

骷髅的形象素来被认为是年轻人扮酷和走非主流路线的钟爱之物，其实不然。用毛绒玩具的绒布布料勾勒出大色块的体量之后，在黑色背景的对比下，它所表达的是另一种新的感觉。骷髅摸上去的触感不再显得冰冷，而暖色调也彻底颠覆了白色这一永恒的形象。你也可以把那一条条不规则的曲线块面看成世界各国的版图。各国之间交涉、对峙、征服每天都在上演，

而最终的结局，也许正是这个世界的灭亡。

图4-67 点评：

这幅立体雕塑装饰在居室空间中，给居室增添了不少的情缘和光亮。当你处在这样的环境中，可以感受到更多童年的时光。也许这就是家的感觉，有回忆、有憧憬、有未来。

图4-68 设计说明：

立体浮雕——泡沫腐蚀

作者选用了蓝色的泡沫作为底

色，是想直接表达蔚蓝色的天空。高大成排的电线杆，远处歪斜繁茂的树枝，凹凸不平的路面（上海的路最喜欢挖水管，每几年挖一次，挖好还不会重新铺路……）天空中落日的余辉，以及看上去亦真亦幻的世界。

图4-69 点评：

作者将这幅童话般、梦幻般的色调的壁画装饰在居室的卧室里，童年的美好生活和灿烂笑容永远伴随着她的生活。居室环境的装饰会给人们带来直接的影响，使人心情愉快。

图4-70 设计说明：

高丽纸有种特殊的属性，就是在背面刷上的色彩可以透过带肌理的纸张纹路显现在纸张正面，同正面所绘的图案进行叠合。各种鲜亮的温暖的色调从前后相互叠加，展现一种孩童般独有的没有污秽没有灰暗的世界。也许在当今的社会，如若能在空间中多放置一些这样感觉的画或物件，能唤起生活在都市快节奏环境下的人们一种幸福的回忆与反思。

花语

铃兰充满了娇羞与纯真的姿态，最是那一低头的温柔，化为最终铃乐。黑白色块之间，琴键与音符穿插交织，谱写出一曲清新的植物小品。

波斯菊热烈奔放，在风中摇曳身姿，片片花瓣随风飘散，在空气中划下一道道优雅的圆弧，这是满天花雨，花影，还有花舞。

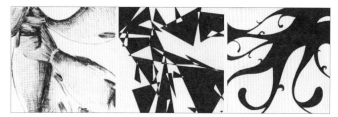

知鱼

鱼儿们丰腴优美的身姿在水中来去往返，每一挺一转一前一后都留下了时间断层中的经典色彩。于我们，它们是自由的鱼；于它们，它们是扎根的树——无论游向何处，终要踏上家的方向。

村野

古老的村落不知在这里静立多久，水面泛起的条条涟漪，乱了它们的影，化为道道的瞬间。只有素色空间中黑白的经典，才不会在时间的流逝中褪去。在恒久的积淀中，融入自然之背景，或是，化为自然。

图4-71

图4-72 作者 潘婧楠

图4-73 作者 潘婧楠

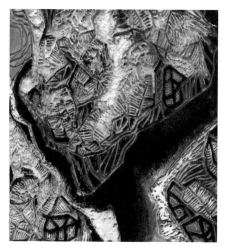

图4-75 作者 潘婧楠

图4-74 作者 潘婧楠

图4-76 作者 于璐

图4-71是以"花语"、"知鱼"、"村野"为题的学生作业,作者通过写意、写实到现代抽象的表现,让我们看到每一幅画都有着特定的、独立的韵味,而连接起来则是一个生动、宽广的宇宙世界,其中有尘埃、风动、飘忽、游走的各种分子。

该作品为高丽纸装饰画,以自然的植物叶子为主题,不在其本色基础上施以色彩,却采用大胆强烈的蓝黄对比色调,使作品充满了矛盾性与复杂性,是对植物在生活中的再现。

点评:整幅作品适于素色淡雅的空间背景,辅以一定面积的深色(黑色石材饰面为佳),画幅中之金色与其相合,令空间充满戏剧性,同时展现一种低调的奢华(图4-73)。

这幅装饰画为泡沫浅浮雕作品,以城市肌理为创意出发点,将其分离打散后进行重组,呈现自然之主题。

总体色调强烈,富于生命的表现力与激情。树干强壮有力,大面积的黑色捕捉眼球的同时又可以与多种不同的颜色和谐搭配;黄色的太阳在角落静谧地燃烧,成为整幅装饰画的亮点;树叶在界面上或微浮或深沉或明隐或暗现,层次丰富,充满趣味。

点评:该作品适于色调浅淡,层次单一的内部空间,室内装修时若有较为深沉的颜色,可进行零星地点缀,并与之契合(图4-75)。

设计说明:这幅作品以棉花为原材料,通过把棉花放入调好的水粉颜料水内,使其获得不同的颜色,再用镊子把棉花放置在一块木板上,整个过程没用胶水等其他材料。作品命名为《童年》,色彩亮丽,并带有儿童天真烂漫的色彩。

点评:将其悬挂在如图所示的室内墙壁上,可以清晰地感受到整个室内空间会因这幅"儿童画"而充满温馨的气氛和亮丽的色彩,能够较好地对建筑室内起到装饰的作用(图4-76)。

这幅作品以高丽纸为原材料,通过用水粉颜料和墨汁绘制而成一幅

图4-77 作者 于璐

《日出》的风景画。

　　点评：所选的建筑空间位于客厅，主色调为白色，色彩明丽，属于现代风格。以这幅风景画为墙面装饰，不仅可以提高整个空间的艺术氛围，还在某种程度上延伸了空间的深度与广度，使得客厅更适合公共活动的使用（图4-77）。

　　设计说明：这幅作品以泡沫塑料为原材料，通过用电烙铁对其浮雕进行刻画，产生了以向日葵为主题的装饰画，整体风格正如向日葵本身带给人们生机勃勃的印象。

　　点评：所选的建筑空间位于临水边的室外，把这幅浅浮雕挂置在建筑外墙上，不仅可以使建筑肌理更为有机，同时对建筑环境也产生了不可估量的影响。水面倒着向日葵的影子，再加上以茂密的树林立为背

图4-78 作者 于璐

景，使得整个空间亮丽，较好地与自然相融合，使人感觉亲切、静谧（图4-78）。

点评：所选的建筑空间位于室内一个走廊部位，把这幅浅浮雕挂置在建筑外墙上，不仅可以与旁边已有的装置尤其是花瓶和花卉的点缀相呼应，从而使室内仿佛弥漫着花香的味道，令人心旷神怡（图4-79）。

图4-79 向日葵 浮雕 作者 于璐

第五章 建筑装饰设计的构想与创意

在如今的现代建筑设计、空间环境设计中，建筑装饰设计使建筑在功能完善上获得不可缺少的因素，在人们的心理形成特定的印象。如壁画巨大的画幅承载大量的信息，强烈地吸引人们的注意力。但是，不同的建筑和环境要配有相适应的形式和内容的壁画。又如，建筑物外部的装饰、建筑物内部的装饰与陈设等等，都需要合理的构想、构图要求、构图的透视要求、构图的基本骨架。

任何的设计构想与构思都尤为重要，特别是建筑装饰设计，它首先要从最初媒介建筑物开始，但是光有建筑媒介是不够的，如果只是光溜溜的砖头、水泥、黄沙、石头垒砌建造好房屋，而没有内部与外部墙上的装饰，包括室内的装扮还有空间的环境装饰，谁也不愿住进这样的房子。我们要有建筑装饰设计，装饰设计离不开构想与构思，离不开题材与内容。装饰设计的最初的题材可以从生活中去寻找。艺术离不开生活，生活离不开大自然。我们把目光伸展到自然中

去捕捉身边的一切，对初学者来说，动物、植物、人物等都可以是我们学习的题材与内容。我们可以深入了解，透彻落实。构想与构思的建立，需要用我们的大脑去思想，去创意开发，从一点去扩展、放大，甚至可以无限放大，让我们的思维方式得以解放。

图5-1图案以豹子、水仙花、风景为原型，经过创意的思维方式，用装饰设计原理、构成设计原理以及表现技法，以豹和花的花纹与肌理进行展开和收纳，创作出一幅全新的图画。最后水仙花的展开变成好似豹头，豹的展开好像是水仙花，错位的交换使图案更有新意。下面以几例学生作业加以说明。

作品选取荷塘题材，画作下部布置大片荷叶支撑盛开的荷花，上部游过两只野鸭，一派静谧。

浮雕将池水阴刻，显现出流水纹理，将荷叶、荷花、野鸭烘托出来，增强真实意境感，在阳刻处用细线勾勒，构成荷塘细节。

搭配室内为单、暖色调白色空

间。室内的温暖安静与画作的静谧气氛达到和谐。

埃及亚历山大城堡如一颗璀璨的明珠镶嵌的蓝色的地中海上，它以圆形和长方形构成了外部造型，这富有想象力的艺术构想与创意在建筑的本身，整幢建筑是由一块块石头垒成的，在色调的布置上，均匀细致的排列到位，在建筑的上方有一排柱子，雕工精致细致（图5-6）。

在埃及神殿的庙宇中，有无数个奇异的艺术构想与创意。首先在神殿的进口，左右神殿如两座大山高高耸起，在它的左右各有一尊神像把持着入口，这两位古老的先知者观察着世间阴阳两界的是非与功败。雕像的造型生动而又美丽，脸部带着神秘的笑容（图5-7）。

这座城市雕塑屹立在埃及的海滨城市亚历山大的市中心，临近地中海，构想与创意来自埃及人民风发向上的精神面貌，四根立方体长柱子向上升向宇宙，结合人物为主的雕塑，象征着埃及发展的艰辛和前进道路上

图5-1 零八建筑一班 李昂 080325

作业一展示
图5-2 作者 章池

作业一：图案变换装饰
荷花变换：此荷花系列图案为荷花四个时期的形态，意喻着植物的出生、成长、兴旺、凋零四个阶段。整体风格清新脱俗。适宜布置在较纯净的空间，例如书房、工作室等。
大象变换：此大象系列图案将大象从整体变为分散，具象变为抽象，错落有致，并且带有一定民族特征。适宜布置在氛围活泼的空间，例如儿童房、活动室等。
瑞士小屋变换：此瑞士小屋系列图案为阿尔卑斯山下小镇风景。变换过程为局部放大，从具象到抽象几个过程。整体风格大气又不失淡雅宁静。适宜布置在具有门面作用的空间，例如客厅，接待室等。

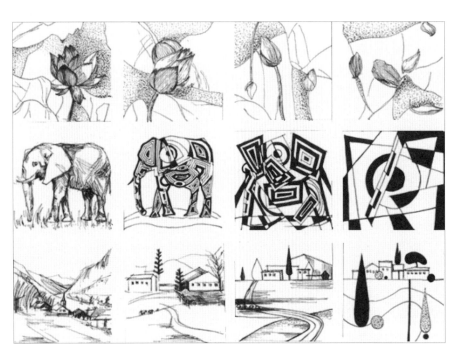

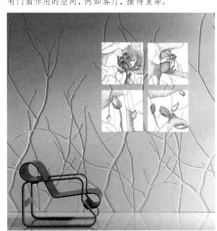

荷花系列效果图展示

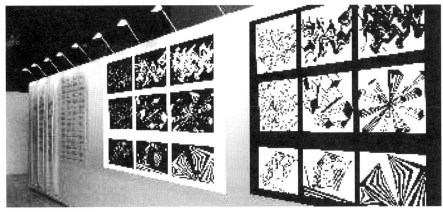

作业二 图5-3 作者 门畅

建筑装饰作业 1
09历史建筑保护工程
090453 门畅

花卉系列—彼岸花
花无语,汇合,沉淀,再水墨画般晕开,彼岸花却以其怪异灵动的花瓣和纤细扭曲的触枝讲述着一个个奇异曼妙的故事。

建筑系列—摩天楼
一幢幢摩天大楼拔地而起,我们的生活速度也跟着加快,每天我们疲于拼命各奔东西,却其实朝着同一个目的地在努力。

动物系列—游动的鱼
对于每一条鱼儿,它们都是自己故事的主角,但在无尽的海洋世界里,却如同一条条丝带扮演其中的一个小小的角色。

作业三　图5-4

建筑装饰艺术作业　2
09历史建筑保护工程
090453　门畅
烟雨徽州，宛若仙境，漫步其中，
只见青山如黛，绿树碧水。
忽的，一只赤喙野鸭打碎了这镜水，泛起层层涟漪，
却完整了，这如梦的幻境。

设计说明：
运用高丽纸泼墨晕开和水粉干画法的斑驳肌理的特
点来描绘水墨徽州宏村的马头墙和水面。

图5-6 埃及亚历山大城堡

图5-7 埃及神殿

图5-5

图5-8 埃及亚历山大城市雕塑

图5-10 巴黎音乐厅的建筑雕塑

图5-12 巴黎凯旋门的浮雕

图5-9 巴黎协和广场的方尖碑与雕塑喷泉

图5-11 巴黎凡尔赛宫的树雕与建筑雕塑

塑艺术的里程碑，每天吸引大批的游客从四面八方来到这里参观访问（图5-10）。

巴黎凡尔赛宫前面的树雕和建筑外立面的雕塑，首先映入我们眼前的是凡尔赛宫建筑的外形具有不同的形状构成，凹凸不平，结构突出，呈现出强烈的雕塑感。广场的空地有下宽上小呈喇叭形的植物花雕，修剪的精致到位，与建筑物形成对比（图5-11）。

巴黎凯旋门建筑装饰设计的艺术构想与创意来源于1792—1815年间法国战争历史，设计师与艺术家在四周刻上浮雕，正面是以"马赛曲"、"胜利"、"抵抗"、"和平"为题材的雕塑。内壁雕刻曾经跟随拿破仑东征的数百名将军的名字和拿破仑战功战役胜利的浮雕，所有的雕像各具有鲜明的人物特色，与门楣上花饰浮雕形成了一个整体统一、精美无比的雕塑群（图5-12）。

风雨历程（图5-8）。

巴黎协和广场上的雕塑喷泉与方尖碑。协和广场是法国著名的艺术广场，它的构思与创意来自法国皇帝路易十五，广场的中心有路易十五的骑马坐像，英俊、高大而又威猛的雕塑，深刻体现了路易十五在当时统治法国的英明才干和领导能力，表现法国的繁荣与昌盛（图5-9）。

巴黎音乐厅的建筑装饰设计的构想与创意是来自世界各国的音乐大师的创作灵感。在音乐大厅的正门四周的柱子上分别雕刻了各国音乐大师的雕像。再现了音乐大师的英容相貌，这让我们想起他们杰出不朽的音乐作品。在整个大厅中仿佛每时每刻都能感觉到贝多芬、莫扎特、肖邦、柴可夫斯基等大师的音乐在空中环绕盘旋。音乐厅具有哥特式的完美建筑特色，堪称是雕

图5-13 埃及宾馆餐厅装饰

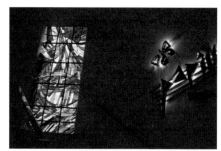

图5-14 埃及宾馆内部装饰

图5-15 埃及开罗机场宾馆

图5-16 埃及亚历山大图书馆

图5-17 埃及亚历山大图书馆外立面浮雕

图5-18 埃及亚历山大图书馆外立面浮雕

第一节 构想的构图要求

建筑装饰设计的构想和创意是极其重要的，它贯穿设计的始终。每一个设计都有它们各自的特点，包括地域、地理条件、周围的环境与文化背景，还要考虑到建筑物、人、环境三者之间的相互关系，还有建筑的结构与造型、建筑的内部与外部的装饰表现等。要符合周围的环境，要符合人的心理感受，要符合美学思想与观点。建筑装饰设计的构想与创意可以通过建筑物的实体来表现。

首先要了解环境的特定场合，观赏者的兴趣和品味特点，适合哪种载体的风格等要素。构图的安排要新奇、独特、具有时代感，又不受时间、空间条件的限制。要考虑到周围环境的形态与构想的构图设计，构图的情节与情理、构图的饱满与虚实关系、构图的主题与主次关系、构图的整体与完整性直接相关。构图的形态构成、线条、色彩、形象等造型语言要达到公众所共识，符合大众审美情趣。如舞台设计、演播室背景设计。

一家埃及宾馆的室内装饰，场景构图以一组豪华沙发和茶几组合为主，构思与创意在于上方的一幅富有埃及传统图腾色彩的壁画构成了一个合理的空间关系，右面的几行阿拉伯文字起了丰富了构想的实际效果（图5-13）。

在一楼大厅走向二楼餐厅走廊通道有一扇窗，窗户上的构图与构思在图案的造型和色彩，抽象的图案形象有着艳丽的色调，日光透过玻璃镶嵌画，照射在室内，给人带来一种直观的视觉感。巧妙地将右面墙上灯光照射在另一组图案上，使这一处空间的装饰新奇独特、大胆有力度。两者形成一个统一的空间艺术效果（图5-14）。

埃及开罗机场宾馆的休息厅，室内装饰设计构想与构图是沙发、椅子形成独立的空间。创意在四周的墙面上安排多幅具有埃及人文题材的壁画与雕塑在灯光的照射下，整个空间凸显温馨、典雅给人以宾至如归的感觉（图5-15）。

埃及亚历山大图书馆是目前世界上较著名的图书馆之一，是由法国出资建造。图书馆建筑造型的构想与创意受古埃及金字塔造型启发，构图是由数百块类似金字塔的三角形构成了图书馆的主楼，整个建筑呈金字塔的斜坡面。斜坡的建筑材料是玻璃，室外光线透过透明的玻璃，照射在图书馆的阅览室和其他地方，室内光线明亮，通透。不同于其他图书馆大部分要靠室内灯光照射来获得光线（图5-16）。

埃及图书馆中多个展览厅的外立面，它的构想与创意来源于地中海上的建筑，几十根巨大粗壮的石柱支撑起整个建筑物，犹如行驶在海洋中的船。埃及亚历山大图书馆最大的创意是在建筑物的外立面的石墙上雕刻着古老的埃及象形文字，诠释埃及文明古国的发源、文化、科技进步的光辉历程（图5-17、图5-18）。

瑞士的风光无限美丽，远处的圆顶教堂屹立在水的中央，如一个雕铸感极强的艺术精品。建筑的倒影映照在蓝蓝的湖水上，在晚霞的照耀下，神采奕奕（图5-19）。

瑞士阿尔卑斯山角下的一个小镇，建筑的构思源

图5-19 瑞士　　　　　　　　　　　　　　　　　　图5-20 瑞士

图5-21 街道的空间装饰灯饰

图5-22 意大利街道墙面装饰

图5-23 意大利街道墙角装饰

于山脚下的一条终年流淌的小溪。构图以远处的阿尔卑斯山，一年四季白雪皑皑，中部是古老的教堂，近处的小桥横跨两岸，最有创意的是右岸建筑造型别致、生动，色调稳重、清晰。建筑物的设计与装饰将空间环境装扮的格外亮丽（图5-20）。

意大利小镇的街道到处充满着奇异的吸人眼球的构想与创意。用石块垒起的建筑物，让人感觉到17、18世纪的意大利生活的风情，独特的城堡建筑设计包括在女儿墙下方的艺术装饰设计，还有街道建筑物上悬挂着各种具有创意的路灯，都让人回味无穷（图5-21）。

建筑的构思与创意是穿过弓形的建筑，让我们看到两边建筑的外立面都雕刻着美丽的图案，细细打量精致、耐看。街道在阳光的照耀下更有神气（图5-22）。

在街道的拐角有一个精美的雕塑，那又是一种与众不同的构想与创意（图5-23）。

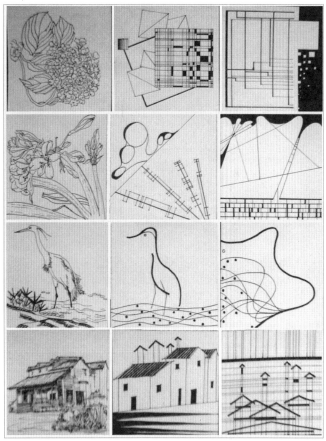

图5-24 作者 吴静

第二节 构图的透视

构图的表现形式可以建立在构图的透视上。在建筑
装饰设计中，我们从壁画、屏风、墙雕、木雕等等的构
图来加以区分：平行透视构图、散点透视构图、反向透
视构图，还有不同的透视组合在一起，形成矛盾的空
间。下面以几组学生的作业为例加以说明。

（1）将花卉的叶脉表现为线，细碎的花瓣表现为
点，从第一张逐渐抖散，最后形成画面的对比感和归纳
感。

（2）将花卉的花瓣和叶脉归纳为两种元素：圆弧和
直线，最后一张用线条的韵律感和上端弧线的随意感，形
成对比让中部有一种空旷感。

（3）将水鸟的外轮廓、波纹、石头的线条全部白描
为线，最后融为一组发射线，留白画面右边，形成视觉
跳跃感。

（4）将建筑的三角屋顶和墙的垂直线条强调出来并
在最后向两极发展，但是画面上部垂直线条则与下部的
箭头形成一种竞争感。

该作业是利用图形的变换来训练学生的想象和逻辑
思维能力，一共4组，每组3张。其中包括一组建筑，两
组植物以及一组动物。

图5-25 作者 李源

建筑装饰艺术作业一 图案变形
080454 历史建筑保护工程 苏萍 指导老师：叶影
原始图案选取的是竹子，将它的元素简化提取为矩形与三角形，并用它们组合成风
车的图案；第二步再次简化成线条，直线与斜线交叉出矩形和三角形，形成丰富构图
（图5-26）。

建筑装饰艺术作业一 图案变形
080454 历史建筑保护工程 苏萍 指导老师：叶影
原始图案选取的是一朵桃花，作者将桃花花瓣用曲线肌理替代变化出第一步的变形
图案，这个图案从远处看起来感觉像一张小孩子的脸，而且第二步的变形图案很有
头发的感觉，第三步的变形作成了一张小女孩的头像，看着很是有趣（图5-27）。

建筑装饰艺术作业一 图案变形
080454 历史建筑保护工程 苏萍 指导老师：叶影
原始图案选取的是一只乌龟，乌龟壳的纹理很有趣，作者将这只乌龟边缘柔化后分
成了四个部分，组合出了第一步的变形图案；接着再进行变化，用圆和曲线组合出第
二步的变形图案（图5-28）。

建筑装饰艺术作业一 图案变形
080454 历史建筑保护工程 苏萍 指导老师：叶影
原始图案选取的是徽州建筑连同其水面倒影的景色，原始构图就是对称的，图案
变形时加以应用，建筑元素被简化成圆形和方形，并填充颜色，使之更加丰富生动
（图5-29）。

图5-25的四组画分别是城市建筑街景、荷花、四叶草以及熊猫。
总的来说，图案变换是从具体的物象逐渐变化为抽象的意象，可
以说仔细看起来很有一番风味。

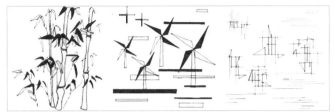

图5-26

图5-27

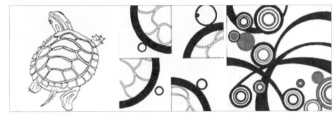

图5-28

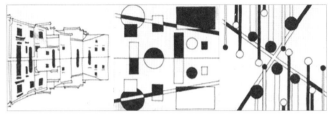

图5-29

主题：植物 原型：玫瑰

主要提取玫瑰花近似圆形的形状和花瓣层层叠叠的特点，而叶子和茎先是形象化进而抽象化，形成有层次感的图面背景。

主题：植物 原型：芦荟

以芦荟为基础对象，先是提取芦荟笔挺的姿态和特有的尖刺图形化为竖向有倾斜的面和小的三角形，错落排布，进而进行简化和融合，形成有流动感的图面。

主题：风景 原型：海景

海最大的特点就是汹涌的海浪，提取这个元素再进行简化，背后的天空先是简化成直线条，之后再和海的形态相结合，以动态感的线条表达海水的姿态及海天相接融合的景象。

主题：动物、昆虫 原型：蝴蝶

以蝴蝶翅膀斑斓的花纹作为变化基点，第一步加强抽象的感觉进行变形，然后突破原有边线的控制向外继续发展，形成绚烂独特的感觉。

图5-30 作者 历史建筑保护工程 张婉卓 080455 指导老师：叶影

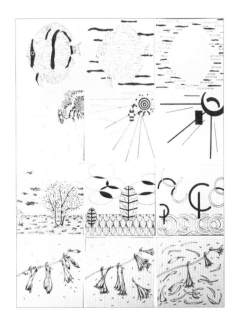

图5-31 作者 周子吟

图5-32-1 作者 王笑石

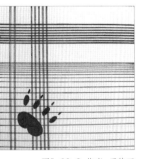

图5-32-2 作者 王笑石

图5-32-3 作者 王笑石

1.融合：本设计将鱼身上的条纹一步一步融合，最终只剩一个鱼的形态。

2.向日葵：本设计抽取原图的模样的大小进行抽象变形，最终只剩下线和面。

3.风景画：本设计提取风景中曲线的形态，进行两步变形，首先平板式的生成，再将元素进一步提取为符号"C"进行变形。

4.花开花落：本设计反映花从花苞到盛开再到凋谢的场景。

图5-33 瑞士

图5-37 意大利佛罗伦萨

图5-34 意大利佛罗伦萨教堂

图5-35 意大利佛罗伦萨教堂

作品1：图形转换1号——熊猫 见图5-32-2

本作品由最初的熊猫原型变形而来。在建筑空间中，几何图形的排列现象较为常见，而作为一件建筑装饰品，本作品希望能够用简单的线条疏密表达熊猫身上黑白变化的意象，并通过爪印这一集中而具象图形回应"熊猫"主题。整个图画散发着平静而又活泼的家居气氛。

作品2：图形转换2号——龙舌兰的花中 见图5-32-1、5-32-3

这幅图案的原型是一束龙舌兰的花（花名"刺鸟"）。作者尝试取每一朵花的方向与整个花束的走势为题材，表达一种平缓流动的线条美感。作品偏重于表达平静有序的态势，与各种室内空间都有良好的契合。

色彩、图案、艺术造型在建筑上的运用与广泛表

图5-36 街道边的花篮

图5-38 意大利佛罗伦萨

图5-39 意大利佛罗伦萨

图5-40 意大利威尼斯

图5-41 意大利威尼斯

图5-42 意大利威尼斯

图5-43 意大利威尼斯

现，给人们带来的是直接的视觉效果的最佳感受。下面以欧洲的几处建筑为例加以说明。

瑞士教堂的钟声敲响的时候，五颜六色的烟花齐放，在夜晚的河边绽放出绚烂夺目的光芒（图5-33）。

位于意大利佛罗伦萨，整个建筑群中最引人注目的是中央穹顶，由当时意大利著名的建筑师勃鲁涅斯基设计，穹顶的基部呈八角平面形，平面直径达42.2米。基座以上是各面都带有圆窗的鼓座。穹顶的结构分内外两层，内部由8根主肋和16根间肋组成，构造合理，受力均匀。它的外墙以黑、绿、粉色条纹大理石砌成各式格板，上面加上精美的雕刻、马赛克和石刻花窗，呈现出非常华丽的风格。整个穹顶，总体外观稳重端庄、比例和谐、没有天拱和小尖塔之类的东西，水平线条明显（图5-34）。

意大利佛罗伦萨大教堂为意大利著名教堂。佛罗伦萨大教堂也叫"花之圣母"大教堂、"圣母百花"大教堂，被誉为世界上最美的教堂，是意大利文艺复兴时期建筑的瑰宝。教堂的附属建筑有洗礼堂与乔托钟楼。钟塔高88米，建筑外观端庄均衡，以白、绿色大理石饰面

（图5-35）。

在意大利的街边拐角处，以石头建造的房子旁边有一篮子色彩鲜艳的花，耀眼的玫瑰红点点闪闪煞是好看，让人陶醉（图5-36）。

马上要临近傍晚了，晚霞在天边渐渐的淡下去了，但是教堂在晚霞余辉的映照下闪闪发光，教堂建筑的颜色在光线下斑斑驳驳越加神秘（图5-37）。

意大利威尼斯的面具如今成了威尼斯狂欢节的象征，街道上挂了一些富有艺术性的脸谱，从面具的造型与构图都经过精心设计，在色彩上也有了对比色、补色、同类色等极其丰富的色彩，让人喜欢不尽。运用这种方法来装饰街道的空间环境，让人们来感受当地的风土人情，也是一个不错的选择（图5-38、图5-39）。

图5-40，图5-41，图5-42，图5-43是威尼斯的独具特色的威尼斯尖舟，意大利语称贡多拉。在16世纪贡多拉外表异常艳丽，贵族们经常乘坐装饰着缎子和丝绸、雕刻精美的贡多拉炫耀自己的财富。如今的贡多拉是统一的黑色，座椅的装饰给船增添了不少色彩，只有在特殊场合才会被装饰成花船。

第六章 建筑设计在空间中的运用

第一节 单色装饰设计在建筑空间中的应用

单色装饰设计是指这门课程中装饰设计的一部分作业，课题名称为材料壁画设计。这些作业可以选用各种材料，运用前面章节中学到的建筑装饰设计构图特征、建筑装饰设计的构成方法、建筑装饰设计素材收集、建筑装饰设计的构想与创意以及对建筑装饰设计的认识。装饰设计是以美化建筑及建筑空间为目的的行为，它是建筑的物质功能和精神功能得以实现的手段之一。可以根据建筑物的使用性质，所处环境和相应标准，综合运用现代物质手段，科技手段和艺术手段，创造出功能合理，舒适优美、性格明显，符合人的生理和心理需求的装饰品，使人们心情愉快，生活、工作、学习更好。

课题名称：材料壁画设计

课题内容：以选择各种材料作为壁画的表现方法，2.5维的浮雕。以植物花卉、动物、风景、人物为题材创作一幅壁画。

课题时间：12课时

教学方法：1.通过对前期课程的了解与深入，对前面课程的内容进行扩展，运用材料作为绘画方式，工艺上采取嵌、蚀、织、雕、刻等不同的技艺制作成一幅壁画来装饰室内、室外的环境。

教学要求：

1.学生根据上面的教学要求和提示展开设计。2.设计图画尺寸不小于50cm×50cm。3.作业要求粘贴要有强度，不能散落。

训练目的：熟悉和掌握壁画的创作技能，学习壁画的基本概念、表现形式以及创作理念、方法。引导学生逐步形成对物象的感受和提高文化艺术和在建筑装饰上的审美能力。

作业评价：作业要求内容新颖、有创意、表现力强、有深切感染力，在工艺上、材料上的选择，视觉效果佳、建筑性强、保存时间长。

建筑装饰艺术建立在主体的绘画或雕塑工艺之上，使被装饰的主体得到其功能要求的美化。装饰艺术与人的日常生活联系广泛，结合紧密。

此幅壁画安放在餐厅的墙面上，给空荡荡的墙面起了装饰作用。在当今个性化、多元化的信息时代，市场竞争日趋激烈，消费观念也在不断发生变化，人们对生活、起居的居住空间要求也从简单实用过渡到更高层次的追求。这就要求我们设计师从使用功能、从消费者的情感出发，构思创新的居住空间设计概念（图6-1）。

居住空间与人们的生活密切相关，这些壁画在居住空间中的运用，对人的生活水平的提高具有举足轻重的作用。使居住环境能够适应新的消费观，促进我国居住空间设计水平的提高（图6-2～图6-6）。

同一幅具有中国图腾的吉祥图案，放在不同的空间中，运用概念设计独特、创新的特点，立足于民族文化之本，实现与世界对接的同步发展（图6-7～图6-9）。

图6-1 作者 陈佳

建筑装饰艺术作业—壁画
设计说明:
此幅壁画对俄罗斯红场进行概括,强调建筑物和背景的图底关系,以此产生装饰效果,建筑相对光滑、线条清晰,背景是在刀痕的肌理上加上电烙铁的肌理,表现阳光洒下的壮美。

图6-2 作者 簿尧

图6-3 作者 段博伦

图6-4 作者 樊晨

图6-5 作者 樊晨

图6-6 作者 洪义振

图6-7 作者 金殷植

图6-8 作者 金殷植

图6-9作者 金殷植

图6-10 作者 金殷植

图6-11 作者 金殷植

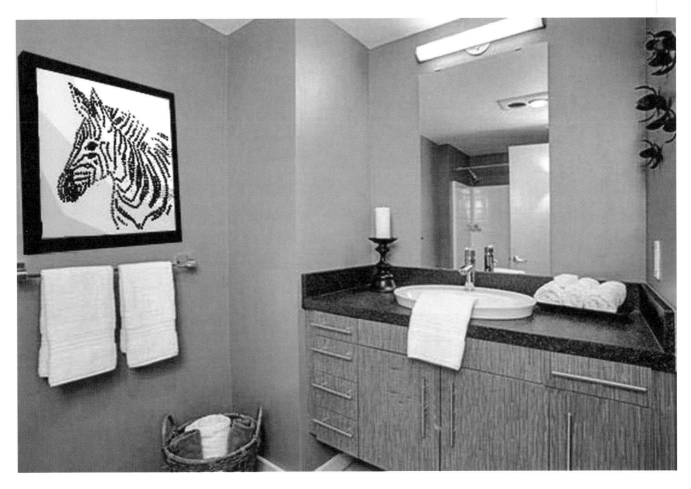

建筑装饰艺术作业—材料拼贴
历史保护建筑 李唐（080460）
设计说明：
这是一幅图钉拼贴成的装饰画，构成的是斑马的形象。
作品只用了黑白灰三种颜色，轻松明快，形式简洁，气质优雅，态度温和，给人干净，舒适的感觉。
简单的无彩色，可以很好地配合任何其他颜色，形式上也与现代主义的室内设计相配合，放在居室、卫生间，或者其他简洁的空间都是不错的选择。

在办公空间中的运用，使办公空间具有一种活力。视觉冲击力的加强符合室内设计要满足精神功能的要求，同时也考虑人们的视觉反应、心理反应与艺术反应（图6-10～图6-11）。

点评：这幅材料拼贴画被安排在卫生间里，给居室空间增加了活泼、轻松地感觉。黑白灰的色彩效果营造了室内空间的亮度的宽阔度（图6-12）。

图6-12 作者 李唐

中式客厅

居室餐厅

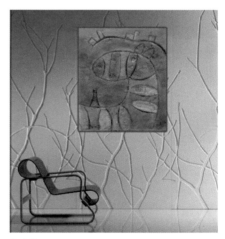

装饰墙

图6-13 作者 孙朴诚
浮雕 背上的王国

画面的主体是一只斑马，背上驮负着象征工业时代建筑开端的埃菲尔铁塔，画面的上端漂浮着建筑的体块。斑马的花纹和建筑用银色涂饰出，与金色的背景呼应。这幅画面中，建筑不再是刚硬的象征，而具有了童话般柔软的感觉。

　　点评："背上的王国"浮雕作为居室空间装饰是一个不错的选择，画面的构图造型运用现代派的表现方法，中性的色调感觉与整个室内的环境相吻合，使居室环境在视觉效果上更有亮点（图6-13）。

建筑装饰艺术 作业三 材料画

设计说明:
这幅画是使用卡纸等纸质的材料拼贴而成。通过模仿马赛克的手法和工艺,制作了这种这幅装饰画。画面中两只鹅的身体与背景用了不同颜色的卡板,裁剪成不同的形状,然后贴在底板上。画中需要勾边的地方使用了纸绳,使整幅画中材料保持一致。这幅画可以用于展览,也可以作为室内装饰。

图6-14 作者 汤佳楠

点评:这幅以抽象的艺术造型的表现形式,运用马赛克工艺的表现手段制成的壁画,点、线、面的构成增加了人的视觉感。将两个鹅的立体形态生动地展现在空旷的展厅中央,艺术造型独特,吸引人来观望(图6-14)。

图6-15 作者 汤佳楠

点评：运用浅浮雕的表现形式，展现给我们的更像是一幅版画艺术作品，黑白对比的色彩效果，加上具有创意的构思与构图，作为居室空间装饰能加强空间视觉效果和文化品位(图6-15)。

建筑装饰艺术 作业四 壁画
设计说明：
这幅画是在泡沫塑料上创作的一个浅浮雕。主要使用了电烙铁这一工具，在泡沫塑料上烫出了一些线条和肌理，构成了一幅装饰画。电烙铁在图面上形成很独特的效果，把图中水纹、砖缝等等细节表现得恰到好处，非常生动。在雕刻完成之后，还喷上了黑漆，并且在表面涂上了一些白色的颜料，用来突出画面的表现力。

图6-16 作者 孙朴诚

高丽纸　天鹅舞

作品描绘了天鹅在树林中飞过，阳光透过树叶洒下梦幻般的色彩，是一幅成人式的童话图景。宁静的绿意贯穿画面的始终，紫色的叶子染上夜色的朦胧，使人联想到安徒生童话中天鹅王子在暮色归栖的场景。

　　点评："天鹅舞"是一幅色彩明快亮丽的装饰画，具有动感的艺术造型和富有空间感的构图与构思，使这幅画成为居室空间装饰，给室内环境添了几分快乐、自由的天地（图6-16）。

图6-17 作者 吴静

设计说明：通过雕刻的凹凸来表现风景的远近关系，同时将近景处的路处理为越往远处越深来表现出画面的维度，喷上金色的喷漆，让画面更有肌理更有质感。

点评：这幅雕刻壁画，无论在艺术造型的构思与构图上，都与室内的家具陈设相协调。在居室空间的整个

环境的颜色和布置略显沉重，但是这幅壁画的色调把环境空间的格局打破了（图6-17）。

同样一个壁画放在两个不同的空间，产生出不同的空间效果。

在接待室中安排了这幅壁画，在环境上与沙发和墙面、顶面起到了很好的装饰作用（图6-18）。

建筑装饰画室内效果图

壁画本身的风格简单明确，且只有黑白两种颜色，显得大气稳重，极其能够体现拥有者的内在修养与追求。

该室内为大型办公室的接待厅内，本身布置较为富丽堂皇，装饰繁复，气氛稍稍显得压抑。

这样的空间需要的是有所质感和品位的作品。但又不能过于复杂，让整个室内显得杂乱无章。

简单的壁画正好能让整个空间效果得到衬托，同时也彰显了拥有者的人生追求是一种大气的，超然物外的情怀，让客人对主人有了一个初步的了解。

建筑装饰画室内效果图

壁画本身的风格较为简单明确，且只有黑白两种颜色，会显得大气稳重，不乏清新。

该室内为美术馆的内部，光线充足，空间宏大。这样的空间需要的是有所质感和意境，并且画面效果不会被过强的自然光所影响的作品。

该作品是以雪弗板为原料，喷上黑漆，然后用木刻刀雕刻而成，并不会害怕光线，所以适合于这样的地方。

同样一幅画，画面的黑白效果在宽大的展厅中，给人带来巨大的视觉效果和精神享受（图6-19）。

"走下楼梯的裸女二号"采用暖色调的木片拼贴，选择了砖墙材质的餐厅墙壁作为背景，色调一致。同时木片和砖墙的肌理又产生了一定的对比，通过木质家具的摆置和木片的肌理相互呼应。在选题上，餐厅设置在旧厂房中，使用者大多为艺术创作者，杜尚的经典作品的再创造和重叠体现了时代感和历史感。

点评：现在越来越多的旧厂房经过改造，为了将旧厂房改造到达到设计师预期的视觉效果，往往会在建筑装饰设计上考虑，为了营造空间的环境效果，可以在单调的墙面环境上安置一些具有实际意义的壁画，这样可以提升整个空间的艺术氛围（图6-20）。

图6-20 旧厂房餐厅改造 作者 张速

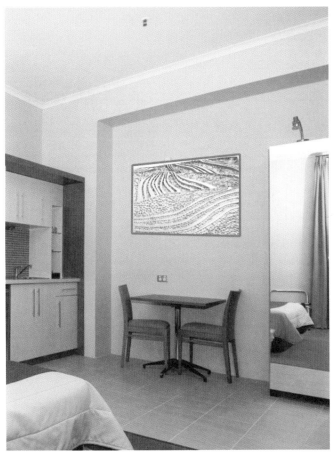

图6-21 居室餐厅 作者 张速

"沙漠之路"曲线的肌理与简洁风格的室内餐厅形成对比，在色调一致的基础上达到了一种变化。曲直线条的均衡丰富了单调的室内空间，而金色的运用与房间的镜面相呼应，起到了一种虚实变化的效果。

如果将"走下楼梯的裸女二号"安排在这个居室餐厅，就不如放置在上面那张协调。然而将"沙漠之路"这幅画作为这一居室空间的装饰是非常和谐统一的（图6-21）。

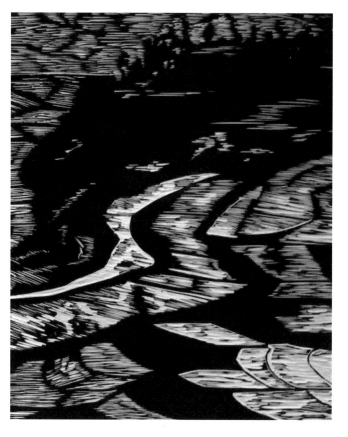

图6-22 作者 张婉卓

雕刻壁画
历史建筑保护工程
张婉卓
指导老师 叶影
设计说明:
本装饰画是一幅雕刻壁画,采用了木质版画的手法,使用较厚的雪弗板先进行喷漆再雕刻。
画面借去了一段风景画,黑白两色对比鲜明,严肃冷静又肃静淡雅,山山水水并不具象化但意味深长,虽然图面并不复杂但有很好的装饰效果。
本装饰画适合放置在卫生间、客厅、卧房等位置,尤其适合喜欢色调干净大方的人。

这幅版画雕刻色调简单清晰可见,作为这一室内空间的墙面装饰与家具、沙发、茶几、靠垫搭配,显得干净、利落、大方(图6-22)。

第二节 绘画艺术装饰设计与建筑空间中的应用

彩墨绘画设计,是指运用高丽纸的特性在上面用水粉颜料画出要表达的形态和意境等,然后在背面运用墨渲染,以达到不同的效果。绘画可以围绕中国绘画的精神意趣和笔墨追求。表现形式可以通过人物姿势,身和手被极度变形,充满诗意。画面可用金、银、笔墨勾染、墨色配置等,要处理得恰到好处。也可以作为抽象绘画来观,因为其形式构成了丰富色彩笔墨意趣,呈现足够的绘画感。另一些夸张变形的人物或动植物形象,几乎呈半抽象色块、纠缠杂错的肢

体形式,其绘画构成显然来自超现实主义绘画。还有一些颜色调子,也让人联想到康定斯基的抽象画。应注重作画的过程。那是一个用色彩笔墨摆脱理性的思考的过程,同时也是用色彩笔墨表达理性思考的过程。从学生的作品看,他们为了追求画的更为完美,有很多画在创作的过程中花很长时间,但仍可感到色彩笔墨之中的求学精神所在。无论对事物形态特征的具体追求,还是努力寻求抽象艺术境界下以饱满的色彩、线条与力度的组合、强烈视觉冲击力,画出主题单纯、画面朦胧而意境深沉的作品,都应从具象、意象乃至抽象上追求一种强劲的表现力。

课题名称:彩墨绘画设计

课题内容:以植物花卉、动物、风景、人物为题材创作一幅画。

课题时间:12课时

教学方法:通过对前期课程的了解与深入,对前面课程的内容进行扩展,运用高丽纸或其他质地的纸张以及颜料和墨等材料制作成一幅壁画来装饰室内、室外的环境。

教学要求:

1.学生根据以上的教学要求和提示展开设计。

2.设计图画尺寸不小于50cm×50cm。

3.作业要装裱一下。

训练目的：熟悉和掌握彩墨绘画的技能，提高绘画艺术和建筑装饰的审美能力，培养和具备对建筑结构和建筑环境的认知。还要具备特殊的观察能力，这种观察能力不是一般意义上的观看和辨别，也不是通常我们所说的绘画意义上的观察能力。建筑装饰设计创作是要求我们将装饰艺术设计应用到建筑物的表面或环境空间中，因此首先要根据地域、环境、空间和文化氛围选择什么形式的装饰艺术设计。

作业评价：作业要求内容新颖、

图6-23 作者 历史建筑保护工程 080458 陈佳
建筑装饰艺术作业一 高丽纸画

设计说明：此幅画用高丽纸创作，经过揉皱、背面刷墨等步骤，形成植物的肌理。黄色白色等大片的画面加上线条感的红色的点缀，使整个画面变得鲜活（图6-23）。

有创意、表现力强、有深切感染力，在形式上，造型上，色彩上等方面要与环境相符合。

点评：以花卉为题材的壁画放置在居室空间中，配以简洁的沙发组合，顿时让室内的环境有所变化，提升了居室的文化层次和艺术品位。在观赏者的心理和视觉上都产生了很大震撼力（图6-23）。

材料：蜡烛，纸巾
想表达平凡的脸，把纸巾与糨糊放在水里，做了水糨糊，揉后做了人的脸。上面把蜡烛的烛泪掉下去了。希望能表达新写实主义的色感，所以选了五个比较刺激的颜色，然用烛泪充了空间。过了一段时间后烛泪会碎或裂开，但也觉得这可表达Vintage的感觉，所以用了这两个材料。
056102 洪义振

图6-24 作者 董晓

图6-25 作者 洪义振

点评：这幅正在绽放的花朵装饰在居室卧室的空间，墙面壁画与床边的花卉小盆景装饰相对应，相比之下，整个居室环境增添了不少艺术氛围（图6-24）。

点评：这幅壁画的构思与构图与众不同，将它放置在不同的居室空间，而这些居室的家具与陈设的布置包括墙面的墙纸的图案与壁画都有联系，在这几个特殊室内的环境中，给我们带来不同的视觉享受（图6-25）。

图6-26 作者 洪义振

材料：墨，高丽纸，颜料
利用水彩与墨画了抽象画，表现了一个人的三种心态，
左边的人在苦闷，中间的人面对现实，右边的人在做
梦。觉得墨会调整水彩的均衡，而可以表达明暗，所以
用了比较单调的颜色，也用了像graffiti破格的颜色。
用水彩画以后用笔再画了一下，然后那个部分没有用
水彩画，利用墨画了那个部分。
056102 洪义振

点评：此幅画中的三个人艺术造型极其有特点，三种不同心态的脸部表情得到完全演示。把这幅画装饰在不同的居室空间中，当人们注视着会得到不同的心理感受（图6-26）。

图6-27 作者 洪义振

材料：泡沫塑料

在泡沫塑料上用笔的尾部分表现后，再用笔心画了。想利用没有表情的头像表达男女，因头骨表现了，所以只能用大小来分男女。左边的比较大的头像为男性，右边的小头像为女性。中间的空间表达了男女的爱情，相框外围的线表达男女感情的交流。比较像纹身的感觉，但为了本质的样子选择了这种方法。

变形：描的眼睛变得过程。花：花的里面的叶子直线表现。韩国的国旗，国花：主要的元素变的过程。城市建筑：里面和影子表现一个变音乐线。

　　点评：这幅浮雕壁画安排在四个不同的居室空间中，在灯光的照射下产生了极大的视觉反应，效果令人感到居室环境产生强烈的变幻和视觉冲击力（图6-27）。

　　点评：这是一名韩国学生的变形作业，他将图案合并组合在一起挂在居室环境中，让我们看到一个意想不到的艺术效果（图6-28）。

图6-28 作者 056096 金星旭

图6-29 作者 056096 金星旭

点评：这幅以树干和树叶为题材
的浮雕，构图充满着原生态的自然、
朴实的元素，仿佛让我们闻到了大地
泥土芬芳的气味。它与室内环境中的
家具与陈设的搭配、对照有着强烈的
对比效果，但是在对比中又和谐统
一，让人过目不忘（图6-29）。

图6-30 作者 历史建筑保护工程 080458 陈佳

建筑装饰艺术作业——材料画

此幅材料画以维丝作为主要材料，用颜料一层层点上去，营造一种薄薄的透明感。无论是放在展厅，抑或是客厅、卧室，都能增加一份柔和和温暖。

点评：此画运用维丝作为壁画的材料，想利用维丝的肌理的柔软质感来表现这幅画。略带忧伤的女孩与花团簇拥的构图形式，运用维丝排列的方法，创作出一幅有着别样艺术效果的画，安排在大厅的主要通道的前面，给室内环境制造出一种宽广的视觉空间效果。

图6-31 作者 樊晨

图6-32 作者 樊晨

图6-33 作者 金殷植

点评：这幅以浓烈的色彩效果与略微夸张的动态构成的壁画，无论在古典的家庭室内装潢还是在现代简约的家居装饰中，都能展示出它的艺术魅力和整体统一的视觉感（图6-31、图6-32）。

点评：这幅画在构图和构思上，特别在色彩部分与整个居室家具与陈设有强烈的对比效果，画面经过处理与渲染，营造了一个温暖、可亲的家庭氛围（图6-33）。

图6-34 作者 056096 金星旭

水粉
韩国的古典建筑的庭院（风景画）。主体
是光，光亮的部分使风景更显清亮。

　　点评：作者是一名韩国学生，他将具有韩国风的壁画布置在有着浓重的韩国建筑
风格的居室空间中，壁画与家具等环境设计相融合，起到一个取长补短、相互贯通的
作用，让人在这一居室环境中感受到浓浓的艺术效果（图6-34）。

图6-35 作者 056096 金星旭

材料
用吸管来表达音乐线和音点，音线相互之间表达音的破张。

点评：这幅画表现特点是运用了不同颜色的吸管材料来表达音乐的刚毅、柔和、平稳、爆发与张力。同时选择空间与其相配的环境也是一个重要的过程，作者很好地将这幅画安排在这些空间中。

图6-36 作者 簿尧

　　点评：这幅画以写实的表现手法将孔雀开屏的一瞬间表达得十分清晰，构图与造型、色彩都很到位。画作为此空间居室营造了清新、活泼，有艺术气息的温馨气氛（图6-36）。

图6-37 作者 董晓

点评：这幅画与椅子、茶几相衬托，来打造具有亲和力的居室空间。树根与一枚叶子相交，苍茫而又空灵。装饰在室外的空间环境里，与大自然交融随和而又亲近（图6-37）。

建筑装饰艺术作业——高丽纸绘画
历史建筑保护 李唐（080460）
设计说明：
这幅画是在高丽纸上完成的绘画，描绘了颐和园游廊上的建筑装饰。
作品着重描绘了游廊上的装饰细部，突出皇家园林明丽的颜色和纤巧的雕饰与纹样，并以渗出的墨色暗示了年代的久远。
既可以选择利用明艳的色调与同样气质的设计相配合，也可以选择利用纤巧的装饰反衬现代居室空间的简洁。岁月的凝重，典雅的气质，都可以为空间增加文化的底蕴。

图6-38 作者 潘婧楠

设计说明：（图6-38）

该作品以毛巾袜为主要材料，利用其明快丰富的色彩，描绘自然的田园村野风光。

制作过程中运用针线将其连接至底网上，最后再施以色彩进行润色点缀。

整幅作品拥有丰富的颜色，活泼可爱，适于家居休闲空间，配以暖色为主的装饰墙，作品中红、黄二色能与之呼应，从而点亮了空间。

点评：墙面壁画的色彩与沙发的色调形成了鲜明的对比，同时，画面中的橙色与沙发的橙色及右面的装饰墙面中的橙色协调、呼应。在整个灰色的空间环境中神采奕奕（图6-39）。

图6-39 作者 孙朴诚

建筑装饰艺术 作业二 高丽纸画
080457 汤佳楠 历史建筑保护工程
设计说明：
这幅画用高丽纸完成，表面用颜料绘出色彩和形态，背面刷上墨汁，能在表面透出斑驳的肌理。整幅画主要运用了暖色调，构图上比较抽象。太阳和人物的颜色互相呼应调和，使画面很有整体性。这幅画可以在展厅中展示，也可以放在室内，都能达到很好的装饰效果。

图6-40 作者 汤佳楠

点评：在灰白的空间环境中，以金黄色为主的画面上，蓝色与白线勾边的抽象人物，在展厅中醒目耀眼，在整个空间环境中起到一个重要的装饰作用（图6-40）。

图6-41 作者 吴静

图6-42 作者 吴静

图6-43 作者 张蓓蕾

图6-44 作者 张速

图6-45 作者 张速

图6-46 作者 张速

点评：用花生壳、黑米，玉米碎粒、小米、红豆拼贴出黑夜的村庄，其中用花生壳特有的肌理来呈现屋顶拖住整个画面的厚重感（图6-41）。

点评：整幅画面主要用亮丽，温暖的红色系和黄色系来呈现，但是画面上左边的黑窗洞、女人面壁留下的深刻阴影以及身上斑驳的墨迹都反映她内心的惆怅（图6-42）。

点评：这一环境空间中，以人物为主的艺术装置上方，有一幅构图、造型、色彩同样具有独特艺术效果的作品。作品中人物的神态与装扮给整个空间环境带来了极大的影响力（图6-43）。

点评：宾馆卧室以大量的红色进行装饰，整体采用暖色调，给人一种喜庆温馨的感觉。"郁金香之恋"金黄的花瓣和温暖的色调强化了这种室内空间效果，同时，画面中暗部的冷色调适当地为全面的暖色调寻求了一种均衡的效果（图6-44）。

"郁金香之恋"的暗部采用高丽纸墨汁渗透形成肌理，整幅画面给人一种古典庄重的感觉，搭配古典装饰的会所风格，恰到好处。和阴暗的叶脉形成鲜明对比，与家具的原木材质以及深沉的色调相互辉映（图6-45）。

点评："郁金香之恋"的暗部采用高丽纸墨汁渗透形成肌理，整幅画面给人一种古典庄重的感觉，而老厂房给人一种历史感，斑驳破旧的墙面与画面达到了统一。同时，画面下方摆置的黑色雕塑作品与画面的明暗效果相呼应，一刚一柔，一动一静（图6-49）。

图6-52 作者 章丽娜

图6-51 作者 章丽娜

图6-49 作者 金殷植

点评：两幅色彩不同的壁画与两处色调不同的居室空间，各有特色。图6-49的壁画以冷色调的蓝色与白色为主安排在黑色的墙面上凸显不凡的效果，在蓝色的环境空间中醒目、美妙。图6-50的壁画色彩鲜艳亮丽，画面上的黄色与红色给环境带了春意盎然的明媚感觉。

第三节 剪纸装饰设计与建筑空间中的应用

窗花、墙花、顶棚花等作为剪纸的表现形式在中国已经盛行许多年，在艺术上逐渐形成了独特的语言和风格。剪纸作品内容丰富，风格自然质朴、粗犷独特。经过数百年发展，民间剪纸已成为在国内外具有一定影响的民间艺术种类。民间美术植根于古老的民间历史文化，在那单纯的形式中，负载着丰富的内涵。可以说剪纸艺术装饰设计应用在建筑空间中是文化的形象载体，是这个历史悠久的民族的风俗习惯、生活方式的直观性、审美性的象征表现。下面以具体实例加以说明。

床头的喜字，在暖色灯光照耀下，凸显了热闹祥和的氛围。在室内温暖的灯光下，红双喜字为室内更增添了喜庆生动的氛围，在如今依旧有着强盛的生命力。大红喜字的剪纸画装饰在新房里喜气洋洋，给新房、新人带来吉祥与幸福（图6-52）。

春色满园，花香满溢，蝴蝶在花丛中飞舞，作品表现了春日里生机盎然的景象。厚重粗糙的灰色混凝土与纸质轻薄的嫣红剪纸相配，营造了一种既古朴稳重又轻盈跳跃的质感，为建筑空间更添生机。楼梯空间中装饰一幅剪纸花，给这空间环境提升了艺术气氛（图6-51）。

图6-50 作者 金殷植

图6-53 作者 章丽娜

图6-54 作者 章丽娜

图6-55 作者 岑珏

　　明亮、宽广的居室空间中，壁炉的上方有两张双龙戏珠图，这幅剪纸极具传统风格，并且也是传统剪纸的经典题材，然而在现代简约的西式家具装饰中，却不显得沉闷或老旧，反而给家庭空间添加了勃勃生气。大红的剪纸与纯白的家具作对比，形成了色彩上的反差，更添情趣。在现代明媚温暖的灯光照耀下，显得格外和谐，这也是文化交融的体现（图6-53）。

　　现代简约的家具设计，与精美的剪纸艺术相映，营

图6-56 作者 岑珏

图6-57 作者 晁雨

图6-58 作者 晁雨

图6-59 作者 晁雨

图6-60 作者 晁雨

图6-61 作者 董皓晴

图6-63 作者 段菲菲

图6-62 作者 范霖

的神态给这一空间来了新的亮点（图6-56）。

古朴的石桌上面的剪纸画与石桌圆边花纹图案起到了鲜明的对比的效果（图6-57）。

以人物为题材的剪纸画在宽敞亮丽的居室空间中，红红的剪纸画在现代风格的建筑装饰中碰撞、交融、和谐、互通（图6-58）。

剪纸画装饰在墙面上，画面的色彩与墙面的色彩相统一，画面的造型与墙面肌理相统一，画面的造型与居室家居相统一，在装饰环境中装扮着重要的角色（图6-59）。

房间一角有一张方桌，淡黄色的桌面有一剪纸画作装饰，雅致的盆花与剪纸画对比衬托，给环境空间带来明显的装饰效果（图6-60）。

这些窗户给人们带来沉闷、单调的感觉，在窗户上装饰几张剪纸窗花，能起到改变窗户环境的作用（图6-61）。

在富有传统花饰图案的隔断屏风的居室空间中，对面的墙面上放上一张以牡丹花为题材的剪纸画，剪纸的

造独特的空间情趣。现代开放式厨房艳丽的红与黑，与剪纸有些偏冷的大红相对，似乎是一个年轻人与在角落的老者交流，一个活泼开朗，一个温文尔雅，为原本宁静的家具空间增添生气（图6-54）。

"福在眼前"、"福禄寿喜"被装饰在大厅的左右门上，在新年的第一天，给来往的人们带来了吉祥的祝福。也给大厅环境增加节日的气氛（图6-55）。

西方的古建筑，老式的灯具、老式的窗户洋溢着古老气息。窗上的剪纸窗花，人物剪纸的活泼、可爱

图6-64 作者 范霖

图6-65 作者 范霖

图6-66 作者 范霖

图6-67 作者 范霖

图6-68 作者 范霖

图6-69 作者 谷龙

镂空效果，与屏风的图案镂空效果对比呼应，达到很好的空间装饰效果（图6-63）。

带有木条的屋顶装饰与陈旧的木地板，沉重的圆台子与结实的沙发，加上墙面上的一幅以墨西哥拉美风格为题材的剪纸画，宗教的色彩配上这一居室的环境，似乎诉说着回忆与往事（图6-62）。

图6-70 作者 谷龙

窗花作为剪纸的表现形式在中国已经盛行许多年,而如今的窗户上装饰运用剪纸,阳光透过镂空的图案,更能映衬出窗花的美丽。配上居室中的家具,在生活的环境中具有更高的审美价值(图6-64)。

三幅剪纸在卧室灯光的搭配中,更显单纯的民间美术成果,单纯的形式中,负载着丰富的内涵。这居室空间的装饰反映出简洁的家具也能显得如此的出彩(图6-65)。

这是一个简洁、古朴带有东方风格的室内装饰,面墙附有两幅中国传统风格的剪纸艺术壁画,与室内的家具与陈设起到一个对比呼应的良好效果(图6-66)。

这幅以荷花为题材的剪纸壁画的镂空艺术,配以典雅的淡色调为主的空间,起到一个活跃装饰环境的作用(图6-67)。

在这一室内装饰环境中,房间的四周显得有些单调和空旷,两张以团花似锦的剪纸壁画将墙装饰得令人耳目一新(图6-68)。

以人物为题材的剪纸窗花,将室内室外形成一个整体,打造了这个角落鲜明突出有亮点(图6-69)。

中国的古典园林,八角门和罩窗,配上一个具有中国民间图案的剪纸,凸显吉祥,有一种静中有动的感觉(图6-70)。

书房中的写字桌后面有一幅剪纸作为装饰也是很好的选择,喜庆祥和的图案,特别的构图与构思给整个居室空间增添了无穷的魅力(图6-71)。

图6-71 作者 郝茹兰

图6-72 作者 郝茹兰

图6-73 作者 李东阳

图6-74 作者 李东阳

图6-76 作者 李东阳

图6-75 作者 李东阳

图6-77 作者 李东阳

图6-78 作者 李静晖

图6-80 作者 李静晖

图6-79 作者 李静晖

图6-81 作者 李倩

这间充满中国古典风格的居室中，摆放着深沉的、古韵的红木家具和书画，在后面的墙面上安排一幅同样有着古典图案的剪纸，居室空间顿时增添了不少的生气（图6-72）。

玻璃门上的剪纸装饰画，将画中身着日本服饰的女孩的形象的镂空感得到完美的体现（图6-73）。

这是三层阁楼，室内空间狭小，但是在狭小的空间中附上一幅以中国古典建筑为题材的剪纸画，给空间增加了深度与广度（图6-74）。

以男孩钓鱼为题材的乡村田园风景剪纸画与周围墙面和顶面的剪纸花十分融洽，带给居室空间一种祥和、安宁之感，充满趣味（图6-75）。

室内的竹椅与窗上的小女子题材的剪纸画遥相呼应，细密的竹签和样式别致而又有古朴与人物的服饰上的花样、头饰的花样协调对应（图6-76）。

室内对称的两座墙面上安排两幅剪纸画，蓝色的画面与女孩优雅专注的神态在空间射灯的照射下，与周围的装饰环境协调一致（图6-77）。

墙面上卡通形象的剪纸画让居室空间的环境也活泼起来了（图6-78）。

居室中的剪纸画"喜鹊闹梅花图"给亮丽的室内空间添加了许多新鲜有趣的气氛（图6-79）。

这种居室空间装饰有着富贵华丽、大方的感觉，在红墙上有一幅以女子半跪的姿势为题材，靓丽动人的剪纸壁画。在视觉上有冲击力（图6-80）。

石墙与老式木窗户上面的三张圆形剪纸，夸张、对比、协调、耐看（图6-81）。

宽广亮丽的厨房，简洁明了、造型别致的餐桌与椅子与墙面的色块黑白分明，加上一幅构图与构思独特的剪纸壁画，给这餐厅注入了更多艺术内涵（图6-82）。

绿色的花墙面上安放一幅配有绿

图6-82 作者 王俊君

图6-83 作者 王俊君

图6-84 作者 王俊君

图6-85 作者 王俊君

图6-86 作者 王俊君

图6-87 作者 肖雯西

图6-88 作者 谢栋灿

图6-89 作者 谢栋灿

图6-91 作者 张寅

图6-90 作者 张寅

图6-92 作者 张寅

色框子的剪纸画,画中的艺术造型生动有趣,卡通的机器人形象妙不可言(图6-83)。

干净明亮的玻璃窗被四张不同形象的剪纸窗花装饰一新(图6-84)。

啊!好一派灿烂无比的景象。粉色的墙,褐色的柜子,蓝色的玻璃花瓶装着鲜艳的橘色花儿,配上墙上橙色剪纸墙花,对比强烈。白色镜框中的画与它们又起着协调作用,装饰提升了居室环境的层次(图6-85)。

室内的一角情趣无限,地面的花卉、漂亮耐看的椅子、窗面的圆形剪纸,美不胜收(图6-86)。

这是教室的室内空间环境,在空旷的背景上布置两个蝙蝠题材的剪纸画,一幅是蝙蝠口咬蟠桃,象征着学子勤奋好学,花样年华。另一幅是蝙蝠口叼钱币,意喻学子好好学习,天天向上,前途无量。在心理上可以激励学生,给教室环境带来生气(图6-87)。

西北的老式窑洞建筑,热炕边上的木结构的窗户上贴着的两幅以中国民间艺术为题材的剪纸加重了老建筑的情趣和韵味(图6-88)。

厨房同样可以布置得别具一格,如本案中窗台上的花草与剪纸图案就让人眼睛一亮(图6-89)。

在别墅三层阁楼上是孩子的休闲之处,整个墙面略感单调,缺少生气,墙面添上几幅可爱的剪纸画,蝴蝶、小花熊的图案与地面的小车和矮柜上的玩具熊十分协调,这样的装饰设计形成合理的空间效果,让孩子的房间发生了根本的变化(图6-91)。

欧式风格的室内装饰充满着阳光,光线透过欧式的窗户照射在沙发上,温暖可见,春光无限蝴蝶翩翩,墙面上的剪纸蝴蝶画给家增添了不少情趣(图6-91)。

这是一间玻璃幕墙为主的房间,在大面积的窗户空间里放上以人物为主的窗花,窗里窗外的情景与画面浑然一体,有很好的装饰作用(图6-92)。

将同样一幅人物画,六幅系列的剪纸作品装饰在床头,整个房间的文化品位与档次一下子提高了不少(图6-93)。

图6-93 作者 张寅

图6-94 作者 张寅

图6-95 作者 张寅

图6-99 作者 张寅

图6-96 作者 张寅

图6-98 作者 张寅

图6-97 作者 张寅

图6-100 作者 张寅

图6-101 作者 朱敏宏

图6-102 作者 屠颖星

图6-103 作者 屠颖星

　　休闲的茶室空间中，大玻璃幕墙上有两张蝴蝶剪纸画，与藤竹制成的家具形成了对比。作为装饰，在剪纸作品带来一种宁静温馨的氛围，复古中带着淡雅悠然之意（图6-94）。

　　室内有着浓重的异国情调，日式的灯具和陈设，加上过道墙面上的一幅剪纸画，使室内空间的情调加深了（图6-95）。

　　在五斗橱上方有一幅像似娃娃样的小狗熊形象的剪纸，与家具陈设就如我们看到的窗帘与花卉形成了有趣的空间效果（图6-96）。

　　在四扇半圆形的窗户设计基本上显得有些雷同，在窗户上添上四幅不同形态、不同造型的剪纸作装饰，改变了空间视觉效果（图6-97）。

　　这一幅花卉与蝴蝶图案的剪纸画装饰墙面，显得对称和谐，改变了这一空间的原样貌（图6-98）。

　　这幅似人又似蝴蝶的剪纸画布满了整个窗户，这种环境装饰带我们走进童话般的世界，有声音、有动感、

有气氛（图6-99）。

　　中国古建筑的传统木格子窗户上映衬着美丽的中国传统剪纸艺术，这种空间装饰让人有耳目一新的感觉（图6-100）。

　　沙发上面安放一幅剪纸壁画，给房间的空间增加了前后之间的距离效果（图6-101）。

　　本来略显单调的对称式的窗户上放上一幅剪纸画，使原来均衡的外立面变得活跃一些，打破了呆板的局面（图6-102）。

　　在爬满爬山虎的攀岩植物的欧式建筑上，温馨、典雅的窗户上贴有两幅具有中国民间图案的剪纸画，给我们带来新的视觉感受，内外兼并，有一种中外合璧清秀之中带着古朴的韵味。这样的装饰能够被人接受（图

6-103）。

　　喜鹊闹春图作为窗花贴在玻璃上，阳光透过窗花直射在剪纸上，投影在地面上与家具上，灿烂夺目，让整个房间披上了一层温暖、喜洋洋的气息（图6-104）。

　　在新房或者卧室的背景墙上放上一幅剪纸，是一对男女青年或者一对可爱的童儿，手捧一幅红双喜字，以此亲亲密密的形象来装饰居室空间，可以渲染室内的环境与气氛（图6-105）。

　　在室内设计中卧室的床后背景墙的处理是很重要的，在以点为主题的墙布装饰的墙面上，有一幅荷花题材的剪纸壁画，整体的构图与构思与墙纸上面的图案搭配合理，形象丰富、生动、有情趣。与家具和条文的床单

图6-104 作者 屠颖星

图6-105 作者 屠颖星

图6-106 作者 屠颖星

图6-108 作者 谭思录

图6-107 作者 谭思录

形成了对比与统一（图6-106）。

在室内设计中，在界面的处理上一直困扰着设计师，在墙面的颜色、调子的处理上，安排什么样的图案的壁纸都值得设计师仔细推敲。看！这些剪纸图案与墙面的色调相吻合，达到异曲同工的艺术效果（图6-107）。

这一打开门的居室通透明亮、简洁清新，在半圆形双开门上加一对剪纸画，给房间的空间增添了一丝亮光

图6-109作者 谭思录

图6-110 作者 谭思录

图6-111 作者 谭思录

图6-112 作者 谭思录

图6-113 作者 谢晓晓

图6-114 作者 徐冉

图6-115 作者 徐冉

图6-116 作者 徐冉

图6-117 作者 徐冉

图6-118 作者 张雪薇

图6-119 作者 张雪薇

和动感，同时也使室内与室外的环境连成了一片（图6-108）。

在建筑物的空间环境中，门中门的空间设计在整体上有一个过渡的层次感，在通透的玻璃门上设计成一幅美丽的图画是不错的选择。运用剪纸的艺术形式，剪纸的表现语言，镂空的效果正好加强了玻璃的透明与透气的视觉效果（图6-109）。

打造书房的文化氛围和提升它的品位一直是设计师关注的问题。在这间书房的墙面上，挂着许多艺术作品，目的是加重文化气息，体现了主人公的艺术修养与社会层次（图6-110）。

少而简单的设计，鲜明的主题是设计师追求的方向。具有田园风格的布艺沙发上方的墙面上有一幅剪纸壁画，它的题材也是花卉，构图简单又

不显平庸，花儿盛开，娇艳欲滴，整体的形象与布衣沙发的图案对比清晰统一（图6-111）。

镜子是人们生活中不可缺少的用具，特别讨女孩子的喜欢。这是一间盥洗室的空间装饰，洗手池上面运用剪纸图画作为装饰，高雅、秀丽、端庄、大方。上方的镜子也运用了剪纸装饰，上下对印，左右呼应，在左面的背后伸出几枝植物。整个空间效果清新自然。意味着生活每天像鲜花一样灿烂夺目（图6-112）。

这是主人公最喜欢的一处，每天能看到自己做的剪纸画，当然无比高兴（图6-113）。

这是一间经过精心装饰设计的卧房空间的立体效果图。左面墙面的装饰与床、桌子形成对立与统一，光线透过照射在地面和其他地方，最有亮

点的是中国民间剪纸（图6-114）。

同样一幅中国民间剪纸画装饰在明亮的客厅里，简洁而又明快的家具与沙发上方的剪纸画，互通融合、渗透吸收，打造一个与众不同的居室空间，这个空间有新意、新奇、温暖有生气（图6-115）。

这是一个大空间，客厅与卧室相连，在楼梯的墙面上，装饰了几幅剪纸画，朵朵花儿亮闪闪，感觉不错（图6-116）。

在这空间中，房间中的地毯、草编座凳、沙发靠垫与墙上的剪纸画连成一个有机的整体。它们相互呼应，层次分明，前实后虚，有对比，给居室空间带来更多吸引人的地方（图6-117）。

女孩、花儿与福字，构成了一个大大的图画，看着这窗户，有一种喜气洋洋，红红火火的感觉（图6-118）。

这两朵牡丹富贵、芬芳、妖娆、绽放。作为新年的窗花是最好不过的了（图6-119）。

图6-120 2010世博会波兰馆

图6-121 2010世博会德国馆

图6-124 2010世博会丹麦馆

图6-122 2010世博会法国馆

图6-123 2010世博会世博轴

第四节 雕塑装饰设计与建筑空间中的应用

如今雕塑装饰设计已成为建筑和环境设计领域中的一部分，最能代表当今艺术风格的装饰性雕塑是城市雕塑。城市雕塑艺术创造出具有一定空间的可视、可触的艺术形象，这一类雕塑比较轻松、欢快，带给人美的享受，也被称之为雕塑小品。借以反映社会生活，表达艺术家的审美感受、审美情感、审美理想。题材上充分反映了当时的现实生活，可见雕塑者对生活观察之细致、对塑造技术之精通。此如法国巴黎凯旋门纪念雕塑，充分体现出纪念性雕塑的概括性。又如2010世界博览会上重彩浓墨的韩国馆，造型简洁、体积感强的法国馆。

雕塑装饰设计在人们的生活中越来越重要。它的主要目的就是美化生活空间，它可以小到一个生活用具，大到街头雕塑。所表现的内容极广，表现形式也多姿多彩。它创造一种舒适而美丽的环境，可净化人们的心灵，陶冶人们的情操，培养人们对美好事物的追求。下面以几个经典实例加以说明。

波兰馆的建筑外立面运用剪纸镂空雕刻，室外的日光透过布满了立体剪纸图案的墙面照进馆内，形成强烈的明暗对比的视觉效果。部分的屋顶是由建筑折叠而成，展馆外形抽象且不规则。室内墙面可灵活运用，可作为屏幕，播放反映波兰城市生活的影片。夜晚室内的变幻灯光透过剪纸图案，使展馆呈现出不同的艺术效果（图6-120）。

德国馆的建筑本身就是一件巨大的雕塑，主体由四个头重脚轻而又变形剧烈的建筑连成，整体由轻盈稳固不规则的几何体构成。外墙由发光的银色建筑膜包裹着，透出城市和谐的自然、创新、传统、平衡之美（图6-121）。

法国馆感性的设计外观构成了一个清新凉爽的水的世界。展馆被一种新型混凝土材料制成的线网"包裹"，仿佛"漂浮"于地面上的"白色宫殿"，尽显未来色彩和水韵之美。从排队等候区开始，参观者就身处于纯正的法式庭院。自动扶梯缓缓地将游客带到展馆的最顶层，展览区域在斜坡道上铺开，沿着下坡路回到起点。参观路线的一侧是视觉效果强大的影像墙（图6-122）。

上海世博园区里的"大动脉"世博轴也称阳光谷。是由六个倒锥形钢结构分布在大约1000米、宽约100米的大道上，每个造型都不同，尺寸也不同。整个建筑像一朵玻璃的喇叭花从地下灿烂绽放，每到夜晚晶莹剔透、耀眼夺目，在视觉上有强烈的冲击力（图6-123）。

丹麦馆环形的自行车道蜿蜒向上，如海上升起的一颗明珠，隐约可以看到丹麦健康绿色的城市生活。哥本哈根是个港口城市，有着清澈的海水，丹麦馆将海边注视人们的美人鱼雕塑也搬到了环形道下面的美人池中（图6-124）。

图6-125 2010世博会西班牙馆

图6-126 2010世博会新西兰馆

图6-128 2010世博会加拿大馆

图6-127 2010世博会卢森堡馆

　　西班牙馆是一个巨大的雕塑，它的造型犹如涌动的波浪、又像起伏岩洞。整座建筑采用天然藤条编织成的一块一块藤条板作外立面，整体外形呈波浪式，看上去形似篮子。8524个藤条板不同质地颜色各异，面积将达到12000平方米，每块藤条板的颜色都不一样，它们会略带抽象地拼搭出"日"、"月"、"友"等汉字，表达设计师对中国文化的理解（图6-125）。

　　新西兰馆的建筑外形，使人想到新西兰的毛利族"哈卡"战舞，他们手持棍子挥舞摆动，如同柱子齐心合力支撑建筑物，象征着新西兰民族的团结奋发的精神。整个展馆的造型像一个梯形，前低后高，参观者可以顺着坡度一直走入展馆后端（图6-126）。

　　卢森堡馆展馆的设计来源于"卢森堡"在中文中"森林和堡垒"含义的联想，设想在一块巨石的雕刻方法。展馆的建筑结构就像一座壁垒，把中世纪的塔楼包围其中，周围郁郁葱葱的开放式"森林"则由葡萄园组成。展馆展示卢森堡的经济、文化和生活，参观者可以一边参观展馆，一边体会卢森堡人民的智慧和创新（图6-127）。

　　加拿大馆的建筑造型是三幢大型几何体建筑组成呈不规则的抽象形体，远远望去犹如静静躺在海边坚不

图6-129 2010世博会马来西亚馆

图6-130 2010世博会墨西哥馆

图6-131 浦西全景图 欧洲展区

图6-132 浦西全景图 企业馆区

图6-133 浦西全景图 韩国企业馆

图6-134 浦东码头

图6-136 塞维利亚馆

图6-135 浦西全景图 演艺中心

图6-137 世博公园廊桥

图6-138 2010世博会世博轴

图6-139 世博会意大利馆

图6-140 路易十四雕像

6-129）。

可摧的磐石。加拿大馆墙体由钢结构组成，外立面铺设有红杉木板，细细看展馆的外立面更像加拿大的国花糖槭印象（图6-128）。

马来西亚馆的建筑造型设计来源于马来西亚传统建筑。展馆由两个高高翘起的坡状屋顶组成，犹如一艘远航而来的"木船"。屋顶被柱廊架起，在表现手法上模拟传统长屋的模式。展馆外墙则借鉴了马来西亚传统印染的纹理，由蝴蝶、花卉、飞鸟和几何图案组成（图

墨西哥的建筑造型是由五彩缤纷的风筝和绿色的草地雕凿而成的风筝森林，风筝的支撑柱上布满小孔，会喷出清新凉爽的水汽。风筝广场是墨西哥馆的核心，我们可以在墨西哥馆里买风筝，自己动手作风筝，在风筝广场放飞风筝，风筝是连接墨西哥文化和中国文化的一个要素（图6-130）。

图6-131～图6-135是欧洲展区、企业馆区、韩国馆、浦东码头、演艺中心，五张照片展现了2010年上海世界博览会全景。在世博会上，雕塑艺术作为文化建设的一种载体，不仅美化世博会园区环境、提升园区文化内涵，并且对世博会主题的演绎、理念的推广起到巨大的推进作用。上海世博园区雕塑汇集了中国、美国、澳大利亚、日本、俄罗斯、意大利、法国、比利时、古巴等几十个国家的美好想象，表达了艺术家们对上海世博会的热爱与祝福。

塞维利亚馆的建筑外立面造型独特，色彩绚丽斑斓。一块块镂空的几何形与大面积的蓝色、橙色互补对比强烈，加上红、黄作协调极其具有震撼力。色彩反映出他们的民族的性格的热情与勇敢（图6-136）。

世界博览会公园的廊桥的造型犹如一辆火车向着预定的目标一路勇往向前。象征着中国人民的民族精神，加快了改革开放的前进道路（图6-137）。

图6-141 法国巴黎协和广场

图6-142 胜利女神雕像

图6-143 法国巴黎卢浮宫

图6-144 法国巴黎凯旋门

图6-145 法国巴黎凡尔赛宫

图6-146 法国巴黎凡尔赛宫

图6-147 法国巴黎凡尔赛宫

图6-148 法国巴黎凡尔赛宫

图6-149 法国巴黎凡尔赛宫

2010世界博览会世博轴夜晚的景象，以线构成网格形，伸展自然，通透亮丽，是整个展区的最亮看点（图6-138）。

意大利馆展馆设计灵感来自上海的传统游戏"游戏棒"，由20个不规则、可自由组装的功能模块组合而成，代表意大利20个大区。整座展馆犹如一座微型意大利城市，充满弄堂、庭院、小径、广场等意大利传统城市元素（图6-139）。

法国巴黎卢浮宫，是世界上最古老、最大、最著名的博物馆之一。位于法国巴黎市中心的塞纳河北岸老的建于路易十四时期，新的建于拿破仑时代。这是国王路易十四的雕像。国王神采奕奕地骑在马背上。雕刻的技巧熟练，比例匀称、结构准确、形体明晰（图6-140）。

巴黎协和广场上的雕塑喷泉与方尖碑，协和广场是法国著名的艺术广场，它的构思与创意来自于法国路易十五皇帝，广场的中心有路易十五的骑马坐像，英俊、高大而又威猛的雕塑，深刻体现了路易十五在当时统治法国的英明才干的领导能力，表现法国的繁荣与昌盛（图6-141）。

法国巴黎卢浮宫胜利女神的头和手臂都已丢失，但

仍被认为是古希腊雕塑的杰作，不论从哪个角度，观赏者都能看到和感受到胜利女神展翅欲飞的雄姿。她上身略向前倾，那健壮丰腴、姿态优美的身躯，高高飞扬的雄健而硕大的羽翼，都充分体现出了胜利者的雄姿和欢呼凯旋的激情（图6-142）。

法国巴黎卢浮宫展厅中有一个老者正在画展厅一角，展馆的一角富丽堂皇，通过他的背影，我们看见了建筑上方的精美浮雕。卢浮宫博物馆闻名天下，不仅仅在于她的展品的丰富与珍贵，更在于博物馆本身便是一座杰出的艺术建筑。卢浮宫是欧洲古典主义时期建筑的代表作品（图6-143）。

凯旋门广场的周围有12条放射形林荫大道，广场上几乎总是车水马龙，游人可以登上凯旋门欣赏巴黎的美丽景色。在阳光下，远处瞭望凯旋门又是一番景象，路灯的投影映照在地面上，也是那般好看（图6-144）。

凡尔赛宫，位于巴黎西南方向18公里的法国伊夫林省省会凡尔赛镇。1710年，整个凡尔赛宫殿和花园的建设全部完成并旋即成为欧洲最大、最雄伟、最豪华的宫殿建筑和法国乃至欧洲的贵族活动中心、艺术中心和文化时尚的发源地。她也是艺术雕塑的殿堂，马拉车是一

图6-151 法国巴黎

图6-152 法国巴黎

图6-150 意大利佛罗伦萨

图6-154 法国巴黎卢浮宫

图6-153 法国巴黎

件现代的雕塑群（图6-145）。

凡尔赛宫造型轮廓整齐、庄重雄伟，被称为理性美的代表。正宫前面是一座风格独特的"法兰西式"的大花园，园内树木花草别具匠心，使人看后顿觉美不胜收。凡尔赛皇宫喷泉里有1400多个喷水池，池边林立着

造型各异的雕像，美不胜收（图6-146）。

凡尔赛宫内部装饰延续了奢华的巴洛克风格，华丽、炫耀，极富艺术魅力，也有部分厅堂装饰为洛可可风格。凡尔赛宫五百多间大殿小厅处处金碧辉煌，豪华非凡。内部装饰，以雕刻、巨幅油画及挂毯为主（图6-147、图6-148）。

凡尔赛宫正宫前面是一座风格独特的法兰西式大花园。近处是两池碧波，沿池而塑的铜雕丰姿多态，美不胜收（图6-149）。

意大利佛罗伦萨小镇充满着异国风情，穿过建筑的长廊突然在人们面前出现一座雕像，古朴、美妙、典雅，美轮美奂（图6-150）。

凡尔赛宫正宫前面与大花园水池周围的现代雕塑。布局、构思巧妙新颖有见解，人物造型简洁明快，沉稳老练（图6-151、图6-152）。

从卢浮宫前门走出到协和广场，周围的雕塑十分壮观，大理石人物雕像，个个形态各异造型优美，栩栩如生（图6-153）。

卢浮宫建筑物占地面积为4.8公顷。全长680米。它的整体建筑呈"U"形，宫前的金字塔形玻璃入口，是华人建筑大师贝聿铭设计的。同时，卢浮宫也是法国历史上最悠久的王宫（图6-154）。

后 记

　　《建筑装饰设计与表现》一书从筹划、撰稿、整编素材等，花费了两年的时间，在同济大学建筑城规学院领导的关怀以及我学生的支持和那泽民编辑的共同努力下，终于同大家见面了。从第一章"建筑装饰设计概述"到第六章"装饰设计在建筑空间中的应用"，共六个章节，可使学生清楚地认识到建筑装饰设计在建筑空间与建筑环境中的重要性。

　　十一年来，这门课程经历了艰难与曲折的进程。记得开始的时候课程内容定在装饰艺术这方面，然而经过一两年的教学实践，从装饰艺术、写生与图案设计、写实与抽象、平面与立面，到建筑装饰空间环境设计的融汇贯通，建筑系学生在低年级所学的素描、色彩的造型艺术以后再与他们，通过三年建筑设计专业的学习，在对建筑空间环境有了一定的认识后，把造型艺术与建筑设计完美地结合在一起时，才能使这门课程收到更好的效果。

　　在撰写本书的过程中，为了丰富本书的内容与图片，我游历了欧洲、埃及、日本以及我国西藏等地收集素材，书中也编录了我所敬仰的建筑大师安东尼·高迪的大量作品。

　　本书内容全面，图文并茂，通俗易懂，既可以作为建筑装饰设计专业方面的训练教材，也可以对相关人员起着实际的指导作用。

作者

2013年3月1日

图书在版编目（CIP）数据

建筑装饰设计与表现 / 叶影编著. -- 上海：同济
大学出版社, 2013.8
（同济大学建筑与城市规划学院美术基础特色课教学
丛书 / 吴长福主编）
ISBN 978-7-5608-5199-0

Ⅰ.①建⋯ Ⅱ.①叶⋯ Ⅲ.①建筑装饰－建筑设计－
高等学校－教材 Ⅳ.①TU238

中国版本图书馆CIP数据核字(2013)第143107号

建筑装饰设计与表现

从书策划　那泽民
编　著　叶　影
责任编辑　那泽民
装帧设计　润泽书坊
责任校对　徐春莲
图文制作　谢一冰　乔　荣
出版发行　同济大学出版社
　　　　　（上海四平路1239号　邮编：200092　电话：021-65985622）
网　　址　www.tongjipress.com.cn
经　　销　全国各地新华书店
印　　刷　上海丽佳制版印刷有限公司
开　　本　889mm×1194mm　1/16
印　　张　10.25
字　　数　328000
版　　次　2013年8月第1版
印　　次　2013年8月第1次印刷
书　　号　ISBN 978-7-5608-5199-0
定　　价　68.00元